Johann Christian Gustav Lucae

Die Statik und Mechanik der Quadrupeden

An dem Skelett und den Muskeln eines Lemurs und eines Choloepus

Johann Christian Gustav Lucae

Die Statik und Mechanik der Quadrupeden
An dem Skelett und den Muskeln eines Lemurs und eines Choloepus

ISBN/EAN: 9783743413368

Hergestellt in Europa, USA, Kanada, Australien, Japan

Cover: Foto ©berggeist007 / pixelio.de

Manufactured and distributed by brebook publishing software (www.brebook.com)

Johann Christian Gustav Lucae

Die Statik und Mechanik der Quadrupeden

DIE

STATIK UND MECHANIK DER QUADRUPEDEN

AN DEM

SKELET UND DEN MUSKELN EINES LEMUR UND EINES CHOLOEPUS.

ERLÄUTERT VON

DR. JOHANN CHRISTIAN GUSTAV LUCAE.

MIT 24 TAFELN.

FRANKFURT A. M.
MAHLAU & WALDSCHMIDT.
1883.

Inhalt.

DEM BEGRÜNDER

DER STATIK UND MECHANIK DES MENSCHLICHEN KNOCHENGERÜSTES

HERMANN VON MEYER

PROFESSOR DER ANATOMIE IN ZÜRICH

DEM JUGENDFREUNDE UND STUDIENGENOSSEN

GEWIDMET

VON

GUSTAV LUCAE.

Die Statik und Mechanik der Quadrupeden

an dem

Skelet und den Muskeln eines Lemur und eines Choloepus.

Erläutert von

Dr. Johann Christian Gustav Lucae.

Mit 24 Tafeln.

Wohl kein System des thierischen Körpers ist seit früher Zeit so bekannt gewesen und hat so lange Zeit die Forscher beschäftigt, als das Skelet. Besonders war es der Schädel, der bis in die neueste Zeit in Wirbel zerlegt wurde, über deren Zahl und Deutung sich jedoch keine Einigung fand. Aber auch das ganze Skelet wurde in Wirbel zerlegt und der ganze Körper in geometrische und mathematische Figuren gebracht und so Symmetrie und Analogie zwischen vorn und hinten, zwischen oben und unten nicht nur gesucht, sondern auch gefunden.

Ebenso wurde die Frage über die Parallele zwischen Radius und Tibia sowie Ulna und Fibula, oder umgekehrt schon seit Vicq d'Azyr von den angesehensten Gelehrten Englands, Frankreichs und Deutschlands mit vielem Aufwand von Phantasie und Studium, natürlich ohne allen Erfolg, behandelt. Selbst bis in die Gegenwart schleppt sich diese Frage fort, steht aber immer noch auf derselben Stelle. Denn selbst Henle,[1] einer der beliebtesten Lehrer deutscher Hochschulen, spricht noch heute von einer Störung der Gleichsinnigkeit in der Lagerung zwischen Hand und Fuss, Ellenbogen und Knie, und schon bald ein Menschenalter figuriren seine Holzschnitte, diese Störung betreffend, in den sich folgenden Auflagen seines berühmten Handbuchs.

Und so sehen wir denn auch in dem neuesten Lehrbuch der vergleichenden Anatomie von Nuhn[2]) die Ansicht über die in der Entwicklungszeit vorkommende Torsion des Humerus (welche durch Retorsion erst deutlich werden soll — Martin), mit Berufung auf unseren vergleichenden Anatom Gegenbauer, wiederholt.

Da nun aber Ansichten der Meister, wie bisher geschehen, als Dogmen von den Epigonen vielleicht noch ausgebaut weiter getragen werden, so fühle ich mich genöthigt, nochmals

---

[1]) Handbuch der systematischen Anatomie. Band I. Knochenlehre. 1855, pag. 204—206.

[2]) Lehrbuch der vergleichenden Anatomie. 1878, pag. 413—414.

mit kurzen Worten zu sagen: dass weder eine verschiedene Lagerung zwischen Daumen und grosser Zehe, noch eine Torsion des Humerus vorkommt. Dass ersteres falsch, zeigen uns die kleinen Kinder, wenn sie auf Händen und Knieen auf dem Boden rutschen; hier ist der Vorderarm wie bei den Thieren in Pronation; zeigt uns die Leiche auf dem Secirtische; zeigt uns endlich jeder auf der Strasse Vorübergehende. Immer liegt der Daumen median und die pronate Stellung ist, wie auch C. Langer[1]) nachweist, die mechanisch nothwendige. Die Supination aber setzt Muskelthätigkeit voraus.

Aber auch die Torsion des Humerus existirt nicht. Nur die obere Epiphyse ändert nach und nach ihre Gelenkfläche, indem sie sich dem, wegen Schmalheit des jugendlichen Thorax sagittal stehenden Schulterblatt anschliesst, bei dem Breiterwerden der Brust des Erwachsenen aber dem frontal gelagerten Schulterblatt sich adaptirt.

Wir sehen also hier den Menschen dem Thiere näher gerückt und (ohne dass wir es suchten) sogar ein Stückchen Ontogenie mit Phylogenie in Verbindung gebracht!

Nach solchen resultatlosen naturphilosophischen Bestrebungen ist man denn doch berechtigt, das Verständniss der Formen auf physiologischem Wege zu suchen und die functionelle Bedeutung der einzelnen Theile und des Ganzen von dem Standpunkt der Statik und Mechanik zu betrachten. Ein Standpunkt, der doch so sehr nahe liegt!

Mein Freund und Frankfurter Landsmann H. v. Meyer war der erste, der vom Jahr 1853 an in einer Reihe von Arbeiten die Mechanik und Statik des menschlichen Skelettes lehrte und durch diese seine Studien nicht allein für die menschliche Osteologie das grössere Interesse hervorrief, sondern auch die Syndesmologie, für Lehrer und Lernende bisher eine Qual, fast zum interessantesten Capitel der menschlichen Anatomie machte.

Will man Einsicht in das Säugethierskelet haben, so kann man sie nur durch Berücksichtigung der Muskeln finden, und dann ist es nöthig, dass man die Untersuchung von Seiten der Mechanik beginne. Nur hier darf man festen Boden erwarten und ist vor Analogieen und Täuschungen bewahrt. Hat man aber noch Gelegenheit, die Bewegungen verschiedenartiger Thiere im Leben zu beobachten und zu vergleichen, so wird die Aufgabe um so mehr erleichtert. Durch Kennenlernen der mechanischen Verhältnisse dürfte aber auch die vergleichende Morphologie gewinnen und neue Anknüpfungen finden.

---

[1]) Lehrbuch der Anatomie des Menschen. Wien 1868, pag. 121—122.

I. Zur Mechanik und Statik der Felinen und Lemuren.

In meiner vorigen Arbeit [1]) habe ich auseinandergesetzt, wie die Wirbelsäule bei den Säugethieren nicht eine doppelte Krümmung in Lenden und Hals, wie bei dem Menschen zeigt, sondern von dem ersten Brustwirbel an in einem Bogen über Brust, Lenden und Becken steigt und gleichsam wie die Bogenspannung einer eisernen Brücke Brust und Bauch schwebend trägt; wie diese Bogensäule mit ihrem Rumpf vorn zwischen den Schulterblättern hängt, hinten aber zwischen den schräg nach vorn aufsteigenden Hüftbeinen eingeklemmt ist; und ferner, wie dieser Bogen aus Wirbeln zusammengesetzt ist, die, gleich den Wagen eines Eisenbahnzuges durch Puffer, so durch Ligamenta intervertebralia und longitudinalia beweglich mit einander verbunden sind. Hier wird es nun aber nöthig sein, dass wir statt allgemeiner Vergleichungen zunächst die Wirbelsäule und das Skelet in Bezug auf Statik und Mechanik doch etwas genauer betrachten.

Zur Skeletbildung.

Zusammengesetzt ist die Wirbelsäule durch Körper, die in der hinteren Lenden- und der vorderen Halsgegend in sagittaler Richtung am längsten sind, in frontaler jedoch am breitesten. Die Bogenstücke sind in der vorderen Lenden- und der hinteren Brustgegend sagittal etwas länger als ihre Körper. In allen Halswirbeln und in den vorderen Brustwirbeln findet das Umgekehrte statt. Hier sind die Körper länger. Diese Eigenschaft der Wirbel steht in Uebereinstimmung mit der Biegung der Wirbelsäule, im Uebergang von Hals und Brust nach unten und im Rücken und Lenden nach oben. Am breitesten sind die Bogenstücke des Halses.

Gehen wir zu den Gelenkflächen. In den »Lenden« bilden sie in ihrer gegenseitigen Verlängerung nach unten einen spitzen Winkel, welcher nach oben offen. In dem »Rücken« ist

[1]) Robbe und Otter, Abhandl. der Senckenb. naturf. Ges. Band 8 und 9.

der Winkel stumpf und öffnet sich nach unten. Ebenso ist er stumpf in dem »Hals«. Hier öffnet er sich aber nach hinten und oben. Die frontal liegenden Gelenkflächen des »Rückens« liegen ganz unter den Bogen verborgen und zwar die hintere des vorhergehenden Wirbels liegt über der vorderen des hinteren. Deutlicher ragen die Gelenke am Hals und deren Bogen hervor. In den Lendenwirbeln dagegen bilden sie wahrhafte schräg nach vorn und oben hervortretende Fortsätze, prächtige Hebelarme für die Fasern des Erector dorsi bildend. Hier kommen auch Seitendornen vor, welche aus der Seitenwand des vorderen Bogenstückes über die Anfänge des folgenden Bogens sagittal nach hinten treten. Sie scheinen als Schutz für das Gelenk gegen seitliche Ausrenkung zu dienen, erhalten aber auch Fasern des Lumbocostalis.

Kommen wir nun zu den Fortsätzen, so sind die Querfortsätze in den »Lenden« breit und lang nach vorn und aussen absteigend. Gegen den Wirbel nehmen sie an Stärke zu. In den »Rückenwirbeln« sind sie kurz, stumpf und dick, nach oben knopfförmig umgekrempt. In der »Halsgegend« dagegen sind sie in sagittaler Richtung lang und durch zwei Wurzeln ventral geneigt an dem Körper ansitzend.

Besonderes Interesse bieten aber die Dornfortsätze. Diese stellen in den »Lenden« einen seitlich compressen, breit von der Basis aufsteigenden, nach oben und vorn geneigten Dornfortsatz dar, während sie in den »Rückenwirbeln« nach hinten gerichtet sind. Tafel 23 u. 24. Letztere kommen breit aus dem Bogen und steigen hinten an der Spitze schmäler, in der Mitte kräftiger nach oben und hinten. Die »Halswirbel« haben mehr spitze Dornen, die jedoch auch nach vorn gerichtet aufsteigen. — Wenn wir nun auch noch die Substantia reticularis und die Anordnung ihres Balkennetzes betrachten, so finden wir, dass bei den Rückendornen die compacte Substanz am hinteren Rande angehäuft ist und von ihr aus die Balken, besonders stark, nach vorn aufsteigen. Bei den Lendendornen findet das Umgekehrte statt. Hier ist die compacte Masse am vorderen Rande und von ihr aus laufen die Balken von vorn oben nach hinten und unten. Alle diese angegebenen Eigenschaften deuten darauf hin, dass hier zu Gunsten der Festigkeit dem Zuge der Muskeln an den Lendenwirbeln nach hinten, sowie dem verstärkten Zug an den Rückenwirbeln nach vorn die Richtung der Dornen, sowie die Lagerung der Balkennetze entgegengestellt sind.

Es bleiben nun noch zwei Wirbel zu besprechen übrig. Der eine liegt im hintersten Theil der Brust und ist einer der letzten Brustwirbel. Es ist der Wirbel, welcher frontalliegende vordere und sagittalliegende hintere Gelenkflächen hat und der erste, welcher selbstständig seine Rippe trägt. Ausgezeichnet ist er immer durch einen mehr senkrecht stehenden verkümmerten Dornfortsatz, welcher die Scheide zwischen den nach hinten gerichteten Dornen des Rückens und den nach vorn gerichteten der Lendenwirbel bildet. Dieser Wirbel, den ich Vertebra intermedia nenne, ist das Analogon des 12. Wirbels des Menschen. — Der andere ist der 7. Halswirbel mit seinem etwas schmaleren und kürzeren Körper, ebensolchem Bogenstücke und kürzerem Querfortsatz und Dorn, welcher letztere von dem Dornfortsatz des ersten Brustwirbels weit überragt wird.

Die Kreuzbeinwirbel sind 3 an Zahl und kürzer und schmäler als die Lendenwirbel. Der erste Kreuzbein- und letzte Lendenwirbel wird überragt von einem senkrecht und sagittal mit seiner Fläche gelagerten Hüftbein. (Taf. I.) Der Raum zwischen diesen Hüftbeinschaufeln und jenen Wirbeln ist tief und lang, und gibt dem Lumbo-costalis viel Raum für Muskelfasern. Das Becken ist schmal, und die Lage der Pfanne liegt weit näher dem Sitzbein als dem Hüftbeinkamm, also ist, wenn wir die Pfanne als Hypomochlion für einen zweiarmigen Hebel annehmen, der vordere Hebelarm länger (beim Löwen 2 cm) als der hintere. Ebenso ist die Entfernung des hinteren Endes des letzten Lendenwirbels bis zur Vertebra intermedia beim Löwen um 8 cm länger, als von dieser zum Anfang des ersten Brustwirbels. Es muss ferner erwähnt werden, dass nicht nur die Lendenwirbelkörper, sondern auch die Lig. intervertebralia zwischen ihnen am längsten sind, und vorn in dem Rücken nach und nach kürzer werden.[1])

Rücksichtlich der Bewegung ist zu bemerken, dass in den Lendenwirbeln die ventrale Beugung die dorsale um das Zweifache (Felinen) übertrifft. (Bei *Lemur* überschreitet sogar die dorsale Beugung kaum eine gerade Linie.) In den Rückenwirbeln ist die laterale am stärksten, in den Lenden kommt diese gar nicht vor. In dem Hals ist die Bewegung nach allen Richtungen fast gleich.

Dass die stärkere seitliche Beugung und die Torsion in der Brust gross ist, wird natürlich nur durch das schmale, aus einer Menge von Knochenstücken und durch knorpelhaft verbundene Brustbein und lange schmale Rippenknorpel ermöglicht. Dabei ist der Thorax mehr tief als breit. Alles, was hier im Einzelnen von den Katzen gesagt ist, gilt auch für die Fuchsaffen, zu erwähnen wäre nur, dass der Thorax etwas breiter und die Pfanne näher dem Ischium liegt, als z. B. bei dem Löwen.

---

[1]) Welche Bedeutung übrigens die Länge der Lendenwirbelsäule für die Bewegung der Thiere haben möge, kann man schon daraus entnehmen, dass während bei dem trägen hülflosen *Cholocpus* die Lenden 40 mm und die Brustwirbel 268 mm betragen, bei *Lemur* erstere 110 und letztere 154 mm zeigen. Ebenso *Cercopithecus* 92 und 108, *Felis catus ferus* aber 170 und 170. Taf. I und II.

Während nun aber das Becken durch eine fest geschlossene Pfanne auf der Hinterextremität ruht, wird der Vorderrumpf an dem Schulterblatt nur durch Muskeln getragen. Das Schulterblatt, sagittal an dem schmalen Rumpf aufgerichtet, hat seine längste Ausdehnung (in der Ruhe) von oben nach unten und etwas schräg nach vorn. In der Bewegung steht es aber senkrecht. Es zeigt vorn an der grösseren Fossa supraspinata einen mehr oder weniger abgerundeten Rand, der an der Stelle, wo die Crista ausläuft, am dicksten ist. Im weiteren Verlauf geht er in den hinteren Schulterblattwinkel und ist mehr gerade. Von hier aus steigt der Schulterrand stark verdickt herab zu der Pfanne. Ebenso läuft die nach der Fossa infraspinata geneigte Crista, dem flachen Schulterblatt Stärke gebend, senkrecht herab gegen die verdickte Pfanne. Die Pfanne selbst ist halbmondförmig geschwungen und läuft in eine Schniepe aus, welche beim aufrechten Stehen des Thieres in die Vertiefung zwischen Humeruskopf und Tuberculum majus hineintritt.

Ein Schlüsselbein findet sich bei den Felinen in dem Fleisch des Cucullaris etc. verborgen, und ist nur durch sehnenartige Verbindung an das Sternum und die Schulter befestigt, während es bei den Lemuren vollkommen entwickelt ist. Die im Schultergelenk gefundenen sagittalen Excursionen betragen bei *Felis* 85°, bei *Lemur* 100°. — Das Ellenbogengelenk verbindet (bei den Katzen mehr zur Charnierbewegung als zur Rotation geeignet) die sich kreuzenden Vorderarmknochen mit dem langen Humerus. Der Radius läuft von oben und aussen nach vorn und innen, umgekehrt die Ulna. Die Supination ist bei dem Raubthiere unvollkommen, bei dem *Lemur* weit ergiebiger. Auch ist zu bemerken, dass wie beim Kniegelenk des Menschen die Queraxe excentrisch liegt, daher auch hier eine Ginglymo-Arthrodie (Meyer) vorhanden ist. Auch in der Verbindung des Carpus ist vorherrschend Charnierbewegung und zwar sehr ausgiebig in der Flexion, kaum in der Extension. Die Metacarpalen jedoch stehen fest. So wie aber das Ellenbogengelenk im Olecranon seinen kürzeren Arm hat, so stellt am Carpus das Pisiforme eine ähnliche Bildung dar, indem es mit der hinter dem Radius liegenden Ulna sich verbindet.

Gehen wir nun zur Hinterextremität, so ist auch hier in dem Hüftgelenk mehr noch als bei der Schulter die Charnierbewegung die vorherrschende. Trochanter major und minor sind stärkere Hebel als das Tuberculum majus. Auch das Kniegelenk, noch mehr aber das Sprunggelenk sind scharf ausgeprägte Charniergelenke. Letzteres verbindet in starkem Winkel den Fuss mit dem Unterschenkel und hat gleich der Hand eine grössere plantare als dorsale Beugung. Rücksichtlich der Excursionen der Gelenke sei erwähnt, dass das Ellenbogengelenk bei der Katze 115°, bei Lemur 125° und die Rotation bei letzterem 81° beträgt. Das

Hüftgelenk des *Lemur* zeigt 105°, eines alten Löwen nur 96°. Das Kniegelenk bei *Felis catus* 100°, bei *Lemur* 150° und das Sprunggelenk bei *Felis leo* 64, bei *Lemur* 150°. Uebrigens glaube ich, dass im Leben jene Excursionen weniger gross sind.

Betrachten wir nun noch die Extremitäten im Ganzen, so ist die Hinterextremität höher und mit Ausnahme des Löwen, schwerer als der Vorderarm.[1])

Ausserdem zeigt die starke Befestigung in der Pfanne sowie die stärkere Abzweigung der verschiedenen Gelenke und das schärfere Ineinandergreifen ihrer Flächen, endlich die Patella und die Calx das Uebergewicht der Hinterextremität. Ferner gibt die entgegengesetzte Richtung beider Extremitäten uns ein Bild vom Parallelogramm der Kräfte, indem der in Gedanken verlängerte Unterarm und Unterschenkel gegen die Mitte der Wirbelsäule zusammentreffen, der verlängerte Oberarm und Oberschenkel aber in den Boden zwischen die Beine fallen. Diese Stellung der Knochen gewährt nun aber nicht allein den Vortheil, dass der Rumpf wie in einem Schaukelstuhl liegt und vor jedem Stoss durch die Elasticität der Gelenke gesichert ist, sondern sie gewährt auch, durch ein scherenartiges Oeffnen und Zusammenlegen der Theile, eine Verlängerung und Verkürzung der Extremität sowie günstige Ansätze für die Muskeln an langen und kräftigen Hebeln.

Einiges zu den Muskeln.

Zunächst haben wir uns zu erinnern, dass die Muskeln die Fähigkeit haben gedehnt zu werden, und hierauf durch ihre Elasticität zu ihrer normalen Länge zurückzukehren, dass aber beide Vorgänge im Anfang rasch und später langsamer verlaufen; dann dass die Muskeln in der Ruhe wenig über das Normale ausgedehnt sind; ferner dass die Muskeln die Fähigkeit sich zu contrahiren besitzen und nachher wieder in die gewöhnliche Dehnung zurückgehen;

---

[1]) **Längs-Messungen in Millimetern.**

	Oberarm. mm	Vorderarm. mm	Hand. mm	Vorderextremität. Summa. mm	Oberschenkel. mm	Unterschenkel. mm	Fuss. mm	Hinterextremität. Summa. mm
Felis leo	300	260	150	**710**	301	270	200	**771**
Felis catus ferus . .	110	115	40	**265**	140	140	60	**360**
Lemur macaco . . .	100	93	40	**233**	137	120	60	**317**

Gewichte in Grammen.

	Vorderextremität.	Hinterextremität.
Löwe	619 g	573 g
Felis catus ferus	18 »	24 »
Lemur macaco	15 »	27 »

endlich dass die Muskeln sowohl nach dem Centrum als auch nach der Peripherie wirken können, je nachdem dort oder hier das Punctum fixum sich befindet. Noch sei bemerkt, dass die Muskeln gleich den Knochen an der Hinterextremität schwerer sind, d. h. diese mehr Kraft besitzt, und dass an der Hinterextremität die Strecker, an der Vorderextremität aber die Beuger überwiegen.[1])

Ich habe in einer Reihe von Thieren (*Vulpes, Felis cat., Inuus cynomolg., Chiromys madg., Lemur macaco* und *Choloepus*) die Gewichte der Strecker und Beuger der verschiedenen Gelenke gegenübergestellt und kam bei fast allen, mit der alleinigen Ausnahme des Choloepus didactylus, zu folgenden übereinstimmenden Resultaten:

1. Im Carpusgelenk überwiegen die Beuger über die Strecker:

bei *Vulpes* B. 25, St. 9.	*Felis* B. 33, St. 14.
Inuus B. 49, St. 15.	*Lemur* B. 16, St. 8.

2. Im Ellenbogengelenk überwiegen die Strecker:

bei *Vulpes* B. 14, St. 74.	*Felis* B. 17, St. 36.
Inuus B. 62, St. 78.	*Lemur* B. 15, St. 36.

3. Im Schultergelenk überwiegen die Beuger:

bei *Vulpes* B. 136, St. 44.	*Felis* B. 105, St. 28.
Inuus B. 155, St. 36.	*Lemur* B. 39, St. 9.

4. Im Sprunggelenk überwiegen die Muskeln der plantaren Flexion über die dorsale:

bei *Vulpes* P. 47, D. 11.	*Felis* P. 59, D. 24.
Inuus P. 79, D. 28.	*Lemur* P. 20, D. 8.

5. Im Kniegelenk sind Beuger und Strecker mehr oder weniger gleich:[2])

bei *Vulpes* B. 147, St. 102.	*Felis* B. 113, St. 97.
Inuus B. 139, St. 137.	*Lemur* B. 28, St. 29.

6. Im Hüftgelenk herrschen überall die Strecker vor:

bei *Vulpes* B. 55, St. 219.	*Felis* B. 57, St. 145.
Inuus B. 67, St. 238.	*Lemur* B. 22, St. 55 g.

---

[1]) Bei einer Katze wogen die Muskeln der Hinterextremität 317 g, der Vorderextremität 288 g; bei dem Lemur erste 131 g, letzte 193 g. Das Verhältniss der Beuger und der Strecker (Beuger = 1) ist an der Hinterextremität der Katze 1,62, an der Vorderextremität 0,44. Bei Lemur für erste 1,86 und die zweite 0,46.

[2]) Wenn man freilich Biceps femoris, Semitendinosus und Semimembranosus als Strecker mit aufführen will, wozu man bei Lage des Punctum fixum im Fuss berechtigt ist, so sind die Strecker in hohem Grade überwiegend und statt obiger Zahlen erhalten wir für die Strecker: *Vulpes* 204, *Felis* 177, *Inuus* 240, *Lemur* 49.

Indem ich als Ergebniss aus vorstehender Zusammenstellung anfüge: dass die grössere Masse der Muskeln an den hinteren Seiten, sowohl der Vorder- als auch der Hinterextremität sich finden, gehe ich noch kurz zu den zwei- und mehrgelenkigen Muskeln über. Ich verstehe unter diesen nicht blos die Muskeln, die von der Scapula zum Vorderarm und von den Becken zum Ober- und Unterschenkel gehen, denen C. Langer eine besondere Berücksichtigung schenkt, sondern auch die Muskeln, welche vom Humerus oder Femur, zu den Metacarpen und Metatarsen und den Zehen gehen. Die Zahl dieser Muskeln beträgt, wie ich fand, für die Vorder- sowie für die Hinterextremität 10, während die Gewichtsverhältnisse bei letzteren erstere (Lemur ausgenommen) meist überwiegen. [1])

Diese doppelgelenkigen Muskeln haben die Aufgabe, nicht blos die Knochen, an die sie geheftet, in Bewegung zu bringen, sondern auch mehrere Gelenke in ihrer Thätigkeit mit einander zu verknüpfen, zu »verkoppeln«, wie der geistreiche Wiener Anatom sagt, der dieser Sache besoders Erwähnung thut. [2])

Mit der sich streckenden oder beugenden Schulter streckt und beugt sich nicht allein der Ellenbogen, sondern streckt sich auch das Carpusgelenk. Ebenso ist es mit der Hüfte. Bei der Streckung der Hüfte durch den Glutaeus streckt der Rectus das Knie und die Gastrocnemii das Sprunggelenk. Wird das Hüftgelenk flectirt, so wird die Entfernung zwischen Tuber ischii und Tibia vergrössert und das Knie wird durch den Semimembranosus gebeugt. Das Sprunggelenk bleibt unbetheiligt.

Doch noch einer Wirkung zweigelenkiger Muskeln, welche in der Lagerung des Extensor und Flex. carpi sich kund gibt, muss ich Erwähnung thun. Während nämlich der Flex. carp. ulnaris sowie der Extensor carpi rad. an Ulna und Radius zu ihren Metacarpen gerade herabsteigen, kreuzen sich der Flex. carp. rad. und der Extensor ulnaris an der hinteren und vorderen Fläche des Vorderarmes.

Waren vorher die Muskeln in ihren Bewegungen aneinander gebunden und hierdurch eine Uebereinstimmung und Sicherheit in der Bewegung gewonnen, so ist diese letzte Einrichtung geeignet, Oberarm, Vorderarm und Carpus, sowie Radius und Ulna, bei

---

[1]) Hinterextremität bei *Vulpes* 266, Vorderextremität 159.
» » *Felis* 206, » 131.
» *Inuus* 281, 155.
» *Lemur* 58, 72.

[2]) Prof. C. Langer. Die Muskulatur der Extremitäten d. Orang., pag. 40, 41. Sitzungsberichte d. Wiener Akademie. März 1849.

Streckung der Oberarmmuskeln aufeinander zu pressen und so die ganze Extremität in sich in gerader Richtung festzustellen. Bei der Beugung der oberen Gelenke bleibt jedoch der Carpus unbetheiligt.

So wäre denn nur noch zu erwähnen, dass bei den Lemuren mit dem vollkommen ausgebildeten Schultergürtel und dem nicht ovalen (wie bei den Katzen und Hunden), sondern den drehrunden Radiusköpfchen auch Veränderungen in den Muskeln vorgehen. Die Verknüpfung des Cucullaris mit dem Deltoideus clavicularis, sowie mit Pectoralis Cleidomastoideus und Sternomastoideus bei dem Raubthier wird durch die Clavicula gelöst, dafür tritt aber ein um so entwickelterer selbstständiger Deltoideus auf. Durch das Einschieben der Clavicula wird die Wirkung des Cucullaris (beim Stehen) auf den Humerus nicht verändert. Unter anderem fehlt auch bei Hunden und Katzen der Supinator.

Nach dieser vorläufigen Mittheilung dürfte es an der Zeit sein, jetzt die mechanischen Vorgänge beim Stehen, Gehen und beim Sprung aufzusuchen.

1. Das Stehen.

H. v. Meyer hat uns in seiner »Statik und Mechanik des menschlichen Knochengerüstes« gezeigt, wie schon allein durch die Lage der Schwerlinie innerhalb des Skelettes das Stehen ohne Einwirkung der Muskeln ermöglicht werde. Hier bei den Thieren ist es anders. Hier reicht der Bau des Skelettes durchaus nicht hin allein den Rumpf schwebend zu erhalten. Hier müssen die Muskeln das Ihrige thun.

In meiner Schrift über »die Robbe und Otter« habe ich schon auseinandergesetzt, wie der Schwerpunkt des Säugethierkörpers beim Stehen aus der Mitte der Wirbelsäule und zwar aus der Gegend der Vertebra intermedia herabfällt und wie die aus der Fascia lumbodorsalis hervortretenden Muskeln Cucullaris und Glutaeus sich vorn an das untere Ende des Humerus und das hintere des Femur ansetzen. Indem nun der Cucullaris aus der Fascia dorsalis über das Schulterblatt und der Glutaeus über das Becken an das untere Ende beider Knochen herabsteigen, die Wirbelsäule aber das Bestreben hat, durch die Schwere einzubrechen, so wird die Elasticität beider Muskeln wachgerufen und der Oberarm an seinem unteren Ende nach vorn, der Oberschenkel aber nach hinten gezogen, wodurch Ellenbogen und Knie gestreckt und der Rumpf getragen wird. Der Kniehebel, wie er bei der Buchdruckerpresse gebräuchlich ist, wird dieses veranschaulichen.

Die Buchstaben *a*, *b*, *c*, *d* sollen Oberarm, Oberschenkel etc. etc. vorstellen. Beim Druck von oben wird der Winkel 1 grösser und damit der Winkel 2 und 3 kleiner, der Winkel 4 und 5 aber grösser und so die Vorderextremität *a b* und die Hinterextremität *c d* in den Gelenken 4 und 5 gestreckt.[1])

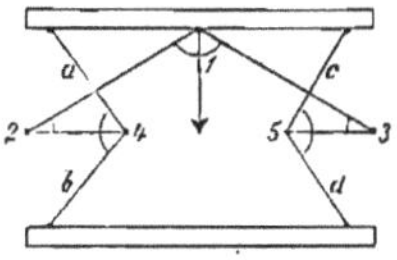

Wir haben vorhin gesehen, dass nicht allein die Hinterextremitäten höher sind als die vorderen, sondern wir wissen auch, dass nur diese durch ein kräftiges Gelenk unmittelbar verbunden sind, während die Vorderextremität nur vermittelst der Muskeln den Rumpf trägt. Die Folge ist, dass nun nicht allein durch die niedere Vorderextremität, sondern auch durch das Liegen des Rumpfes in elastischen dehnbaren Muskeln sein Vordertheil tiefer liegt als die hintere Gruppe. Der Rumpf hat daher die Neigung nach vorn zu rutschen.

Betrachten wir nun hier die Vorderextremität. Das Schulterblatt mit einer schlaffen Kapsel und kleiner Gelenkfläche wird auf dem stärkeren Gelenkkopf durch die drei Schultermuskeln von allen Seiten, innen, vorn und aussen befestigt, denn da hier in der That nur eine schwächere Verschiebung beider Knochen vorkommt, so scheinen diese Muskeln weniger zur ausgreifenden Bewegung, als vielmehr zur Befestigung beider Knochen aufeinander zu dienen. Ausser diesen Muskeln bindet der Cucullaris, an der Crista von aussen angreifend, die Schulter an die Rückendornen. Ein gleiches geschieht unter ihm von den Rhomboideen, welche von den Rücken- und untern Halsdornen kommen und sich an den oberen Rand des Schulterblattes ansetzen. Von eben dem Schulterrand steigt nun aber der Serratus ab, welcher mit seinen Zacken von den hinteren Rippen bis zu den Querfortsätzen der vorderen Halswirbel sich ausbreitet, durch die grösseren Sägemuskeln wird jedoch Hals und Brustkorb wie in einer Hängematte getragen.

Indem nun der Rumpf nach vornen herabzurutschen strebt und der Schwerpunkt dadurch nach vornen rückt, werden diese letzten Muskeln in Spannung versetzt und durch diese, sowie

---

[1]) Aus diesem einfachen Schema ist ersichtlich, wie unmöglich es für den thierischen Körper sein würde, den Rumpf auf den Extremitäten zu tragen, wenn beide Gelenke, Ellenbogen und Knie sich nach einer Richtung öffnen würden. Wir sehen aber auch, wie fehlerhaft es sein muss, der Analogie zu Gunsten nach einer Drehung der Vorderextremität zu suchen.

Doch auch in dem Ruhezustand bei dem Liegen des Thieres sehen wir jene Muskeln jedoch in entgegengesetzter Richtung betheiligt. Der Schwerpunkt wirkt jetzt nicht mehr auf den Rücken, sondern die Katze liegt auf dem Boden mit unter den Rumpf eingelegten Extremitäten. Da nun hier von letzteren ein Zug gegen die Rückenmuskeln ausgeht, so entsteht der stark gebogene Rücken, der sogenannte »Katzenbuckel«.

durch die Schwere des Kopfes das Schulterblatt, welches in der Ruhe nach hinten etwas geneigt liegt, aufgerichtet und zwar so, dass die Crista senkrecht zu stehen und der dickere Schulterblattrand oben zu liegen kommt. Eine kurze Verschiebung des Schulterblattes nach vorn bringt die schniepenförmige Spitze der Gelenkfläche in die Vertiefung zwischen Humeruskopf und Tuberculum majus, die Spinati und Subscapularis werden gespannt. In Folge dessen sieht man bei dem stehenden Thiere die Ränder beider Schulterblätter die Dornen des Rückens überragend unter dem Felle in die Höhe stehen.

Mit dem Aufrichten des Schulterblattes wird durch den Serratus der Hals gehoben, aber auch der lange Kopf des Triceps gespannt, durch diesen das Olecranon angezogen und das Ellenbogengelenk gestreckt. Durch die Streckung des letzteren wird Biceps und Brachialis in Spannung versetzt, die Knochen des Schultergelenkes durch den langen Kopf des ersten noch mehr aufeinander gepresst und dadurch die hinteren Schulterblattwinkel noch höher aufgerichtet. Durch die Streckung des Ellenbogengelenks werden jetzt aber auch von dem Extensor radialis und ulnaris carpi die Metacarpen vorn auf die Gelenkfläche des Radius gedrückt (man denke hier an die excentrisch liegenden Axen in den Condylen des Humerus). Die Streckung und Spannung der Metatarsen zwingen nun aber auch die Flexoren an der Hinterseite, von unten aufsteigend, sich zu contrahiren, während der Fuss durch die von oben herab sich stets steigernde Last noch mehr auf dem Boden befestigt wird. So ist denn die ganze Extremität von der Schulter bis zu den Metacarpusköpfen in einen festen Stab verwandelt und ganz geeignet, unter Assistenz von Pectoralis und Latissimus, durch den Serratus den Vorderrumpf zu tragen.

Gehen wir nun zur Hinterextremität. Hier finden wir ausser einer sicheren Befestigung in der Beckenpfanne eine weit schärfere Abzweigung der einzelnen Gelenkstücke als bei der Vorderextremität. Dort lagen die Metacarpen fast in gleicher Richtung mit dem Vorderarm, hier dagegen sehen wir in sehr prägnanter Weise den Fuss vom Unterschenkel scharf abgesetzt, so dass ein Senkel, von der Pfanne in der Mittelstellung des Beines herabgelassen, Ober- und Unterschenkel und Tarsus durchschneidet.

Ferner begegnen wir hier zwei sehr charakteristischen grossen zweiarmigen Hebeln. Der eine liegt auf der Hüftpfanne und sein Wagebalken erstreckt sich von der Spina ilei bis zum Ischium, der zweite hat in dem Sprunggelenk sein Hypomochlion und geht von dem Calx zu dem Köpfchen der Metatarsen. Abgesehen davon, dass die scharfe Abknickung der Gelenke sehr günstige Hebel für den Zug der Muskeln darbietet, so haben wir durch diesen letzten

Doppelhebel gerade an der tiefsten Stelle der Extremität das wichtigste Moment zum Tragen und Fortbewegen der Körperlast. Der Kraftarm aber am Ischium ist von hoher Bedeutung zum Aufrichten des Beckens beim Sprung.

So wie aber bei der Vorderextremität der Cucullaris es nicht allein war, der das Einsinken des Ellenbogengelenkes verhinderte, so genügt auch der Glutaeus maximus nicht, um allein, ohne die Hülfe anderer Muskeln, das Einbrechen des Hüftgelenkes zu verhindern. Namentlich ist es hier der am grossen Trochanter einen tüchtigen Hebelarm findende Glutaeus medius. Ferner werden durch Einsinken des Hüftgelenkes die vom hinteren Ende des Beckens und vom Sitzbein kommenden Muskeln, die hintere Gruppe der kräftigen Adductoren eine Ausdehnung bekommen, welcher die Elasticität dieser Muskeln widerstehen muss. Wie das Körpergewicht aber das Hüftgelenk zu flectiren bestrebt ist, so sucht es auch das Sprunggelenk in eine dorsale Flexion zu bringen.

Durch die Neigung des Sprunggelenkes aber, einzuknicken, werden die Muskeln an der Hinterseite des Unterschenkels, Plantaris, Peronaeus, Tibialis post., der Soleus und Gastrocnemius in Spannung versetzt und die Flexoren genöthigt, die Zehen zu beugen und dadurch fester der Unterlage anzudrücken. Hierdurch ist das Einsinken des Sprunggelenkes verhindert.

Damit nun aber Hüft- und Sprunggelenk feststehen, so wird das Knie durch die herabsteigenden Muskeln Biventer, Semitendinosus, Semimembranosus, sowie die aufsteigenden Wadenmuskeln und namentlich durch die Spannung des Quadriceps festgehalten.

2. Das Gehen.

In dem vorhergehenden Abschnitt hatten wir es allein mit den Bedingungen der Krafterzeugung, die in den Muskeln selbst lag, nämlich mit der Elasticität, zu thun. Hier tritt uns auch noch die andere Seite der Krafterscheinungen, die specifische Erregbarkeit der Muskeln durch die Nerven, in bestimmter Reihenfolge geordnet, entgegen.

Wir haben vorher schon erwähnt, wie mit der Streckung der Hüfte durch die Glutaei auch die Streckung des Knies durch den Rectus verbunden ist und wie dieser dann das Sprunggelenk, in gleicher Weise durch die Gastrocnemii gestreckt, sich anschliesst. Ob dieser Vorgang, der sich auf mechanischem Wege durch Contraction des Glutaeus, durch passive Dehnung des Rectus und der Gastrocnemii erklären lässt, sich nicht auch durch active Kraftentwicklung des Nervus Glutaeus und Tibialis, ohne Betheiligung des N. Cruralis, erklären liesse, muss ich den Physiologen und dem Experiment überlassen. Soviel ist übrigens gewiss, dass auf dieser »Verkoppelung« der Gelenke, wie sie Langer nennt, und wie sie auch an der Vorderextremität sich findet, das wichtigste Moment der Gehbewegung beruht.

Da wir für die Ortsbewegung nur die Hinterextremität als die durch Strecken, durch Anstämmen wirkende »active«, die Vorderextremität als die stützende, als die mehr »passive« ansehen müssen, so wollen wir zunächst die erste in Betracht ziehen.

Hinterextremität. Beginnen wir mit dem Moment, wo das rechte Hinterbein nach vollendeter Streckung den Boden zu verlassen im Begriff ist und dem linken die Körperlast aufgebürdet wird. Letzteres hat nach vollendeter Schwingung bei erschlafften Gelenken und vollendeter Pendelung mit den Metatarsusköpfen den Boden erreicht. Die durch die gewonnene Stütze und die Körperlast in Thätigkeit versetzte Extremität ist zunächst durch die Elasticität der Muskeln vor dem Einsinken bewahrt. Durch den von hinten erhaltenen Stoss setzt die Elasticität in die Contraction um und nun beginnt diese auf die Gelenke in sich steigernder Progression zu wirken.

Zuerst stemmen sich die Metatarsen und die Zehen, durch die Flexoren der Planta und der Hinterseite des Unterschenkels (N. tibialis) genöthigt, auf den Boden. Von hier ausgehend wird der Fuss hinten gehoben, wobei der Tibialis posterior und Peronaeus longus durch N. peronaeus angeregt wirken. Die auf der Dorsalseite des Fussrückens liegenden Zehenstrecker, durch das Beugen ihrer Zehen gespannt, helfen den Unterschenkel nach vorn neigen, wobei das Knie sich biegt. Durch das Streben des Knies einzusinken, erwacht die Contraction der Vasti und des Cruralis, diesen folgt der Rectus (N. Cruralis). Der Oberschenkel wird aufgerichtet, noch mehr geschieht das durch die jetzt folgende Contraction der Glutaei. Zum Schluss der Bewegung aber treten von oben Biventer, Semimembranosus, Semitendinosus (Ischiaticus) ein und tragen die Pfanne über den Unterstützungspunkt der Metatarsen hinaus, während von unten die Gastrocnemii, die Streckung des Kniees und damit die Streckung der ganzen Gliedmaasse vollenden. So dreht sich denn auf dem Metatarsusköpfchen die Extremität in einem senkrechten Bogen, wie die Radspeiche um ihre Axe, und trägt ihr Becken nach vorn.

Letzteres hat sich auf der rechten Seite durch die Muskeln der linken Hüfte und des lig. teres gehoben. Jetzt aber treten, durch den letzten Angriff der vom Sitzbein kommenden Muskeln stark ausgedehnt, der Sartorius und der Tensor fasciae in Action, schnellen zusammen, verkürzen die Extremität und leiten die Pendelschwingung des linken jetzt erschlafften Beines ein. Nach kurzer Erholung und vollendeter Schwingung beginnt die frühere Arbeit.

Auf diese Weise tragen also die Hinterextremitäten in stetem Wechsel das nach der einen und dann nach der andern Seite schwankende Becken voran. Es begegnet uns nun zunächst die Frage, wie verhält sich hierzu die Wirbelsäule? Die Lendenwirbel, die, wie erwähnt, nur eine ausgiebigere ventrale, aber kaum eine dorsale Beugung zulassen, werden bald von der einen, bald von der andern Seite geschoben und bewegen sich in der Diagonale beider Richtungen nach vorn. Doch bald begegnen sie an dem in Muskeln hängenden Vorderrumpf einem Hinderniss. Ist auch der Widerstand der an den Schultern hängenden Muskeln bald überwunden, so ist er doch immer ein Hinderniss für das Vorrücken. Die Folge hiervon ist, dass die Lenden- und hintere Rückenwirbelsäule sich bei jedem Stosse etwas biegt und zwar in einem convexen Bogen nach oben.

Da nun aber der Brustkorb nur in elastischen Muskeln und an einer niedern Extremität aufgehängt ist, so wird die niedergesunkene Wirbelsäule jene Biegung weiter fortführen (das leichte Wippen der Lendenwirbel kann man bei gehenden Katzen zuweilen deutlich sehen). Dass nun die Beugung der Lenden- und hinteren Brustwirbel mit der Zeit constant geblieben, wie Herm. von Meyer an der Wirbelsäule des Menschen anführt, und dass daher an der Höhe der Biegung die Bogenstücke der Wirbel höher als die Körper sich zeigen, wäre zu vermuthen. Die entgegengesetzte Richtung der Halswirbelsäule aber begründe ich auf die eigene Gestalt des letzten Halswirbels, auf die grössere Höhe der Wirbelkörper im Vergleich zu den Bogen, die dachziegelartig übereinander liegenden Gelenkflächen und besonders auf die von dem Schulterrand und den vordern hohen Dornfortsätzen herabsteigenden Muskeln, den Trägern des Halses.

Vorderextremität. Indem der Rumpf nach vorn geschoben wird, leitet der Cucullaris an der Crista die Scapula [1]) kreisförmig um das Gelenk nach vorn. Ein Gleiches thun die Rhomboidei capitis et cervicis an dem Rand angreifend. Der Rand vor der Crista, der in der Ruhe nach oben gerichtet war, kommt jetzt nach vorn und neigt dann etwas abwärts. Der hinter der Crista befindliche Rand steigt nach oben. Die Spinati und der Subscapularis befestigen das Schultergelenk und die vordere Schneppe der Gelenkfläche stemmt sich in die Grube hinter dem Tuberc. majus humeri. Schulter und Humeruskopf wandern nach vorn und abwärts. Durch das Aufsteigen der Schulter wird der Triceps I genöthigt den Ellenbogen zu strecken, und hierdurch wird der Biceps genöthigt die Schulter durch jenen langen Kopf vorn fest zu halten und mit dem Brachialis das Ellenbogengelenk festzustellen. Durch die Streckung des Ellenbogens wird auch der

---

[1]) Hier ist es jetzt die rechte Schulter.

Extensor carpi radialis gespannt und die Metacarpen in gleiche Richtung mit dem Radius gebracht. Sehen wir hier die Gruppen für den Nervus perforans und ganz besonders den N. radialis in Thätigkeit, so werden doch auch die Gruppen des Ulnaris und Medianus in Anspruch genommen, denn auch diese werden durch die excentrische Stellung der Axen der Humeruscondylen, sowie durch den gestreckten Carpus und die gebogenen Phalangen in Mithülfe gezogen. So ist denn auch die Vorderextremität von unten bis oben gestreckt und wandert auf den Metatarsusköpfen in einer Raddrehung nach vorn.

Pectoralis und Latissimus am Rumpf ausgebreitet, ziehen den Rumpf nach, und nun überträgt sich die Last auf die andere Seite, während das aufgerichtete Schulterblatt des nun nach vorn schwingenden Beines durch den hinteren Theil des Cucullaris nach hinten folgt. Schwingt nun aber das Bein gleich einem Pendel, so gilt auch das Gesetz des Pendels: Je länger der Pendel, um so langsamer ist die Schwingung und umgekehrt. Da nun aber unsere Extremitäten gebrochene Pendel sind, bei welchen das Stück vom Humeruskopf zum Carpus, oder vom Acetabulum zum Talus der kürzeste Pendel, dann aber vom Humerus etc. zum Carpus, vom Acetabulum zum Metacarpus, und so weiter bis zur dritten Phalanx immer länger werden, so werden beim Schwingen die dritten Phalangen, dann die zweiten, die erste und zuletzt der Carpus nach und nach zurückbleiben, dann aber, wenn die Schwingung des Beins beendet ist, jetzt als die kürzesten vorschnellen und so die Extremität mit der hintern Fussfläche auf dem Boden ankommen.

Während dieser Zeit hatte das andere Vorderbein die Last übernommen und trug dieselbe allein, der Rumpf, der im aufrechten Stehen in den beiden Serratis wie in einer Hängematte liegt, hängt beim Gehen abwechselnd an der einen oder der andern Schulter, getragen durch den Serratus und Pectoralis. Die Folge davon ist, dass der Thorax einmal auf der einen, dann wieder auf der andern Seite gehoben wird, und so in frontalen Schwingungen weiter gelangt, während in den Lenden der Rumpf sagittal voranschreitet. Diese Bewegungen des Thorax sind durch das frontale Niederliegen der Gelenkfortsätze der Rückenwirbel bedingt, und können sich nicht weiter nach hinten als bis zu den vordern Gelenkfortsätzen der Vertebra media erstrecken.

Ich habe vorher erwähnt, dass bei der Hinterextremität die Beckenseite des schwingenden Beines sich in die Höhe hebt. Da nun aber in der Bewegung die stützenden und schwebenden Beine kreuzweise zwischen hinten und vorn alterniren, so findet auch alternirend ein frontales Schwanken zwischen dem Thorax und Becken statt. Tritt das rechte Schulterblatt über den Rumpf hervor, so werden wir auch die linke Beckenseite erhöhet finden.

3. Der Sprung.

Es bleibt, nachdem wir das Spiel der Muskeln beim Gehen betrachtet, jetzt noch übrig, auch zu der weit energischer ausgeführten Thätigkeit, dem Sprung, überzugehen. Die Ansprüche, die an die Thätigkeit der Muskeln bei dem Gang gemacht werden, scheinen ziemlich gering im Vergleich zum Sprung. Denn schon nach kurzer und mässiger Arbeit folgt für die meisten Muskeln ein Ruhen und Sammeln zu neuer Thätigkeit. Während dort abwechselnd Arbeit zwischen rechts und links und ebenso zwischen Hinter- und Vorderextremität vorkam, erstreckt sich dieselbe hier auf beide Seiten zugleich und wechselt in raschem Tempo zwischen vorn und hinten. Die Contraction der einzelnen Muskel ist hier vollständiger und rascher. Dort stemmte die Hinterextremität auf den Boden und schob den Rumpf voran, die Vorderextremität führte sie, jedoch mehr passiv thätig, weiter. Hier dagegen ist ein Zusammenraffen aller Kräfte. Die Wirbelsäule, die dort ziemlich theilnahmlos war, wird hier im höchsten Grad in Anspruch genommen. Zunächst wird dieselbe durch die Bauchmuskeln gekrümmt, wodurch vor dem Sprung der convexe Bogen gesteigert wird, dann werden durch das verstärkte Anstemmen der Hinterextremitäten an den Boden und das Strecken des Femur die Lendenwirbel durch den Psoas aufeinander gepresst. Denkbar wäre es auch, dass ein Gleiches an den fünf oberen Brustwirbeln und dem untersten Halswirbel durch den Longus colli geschieht, wodurch der Hals gestreckt wird. So scheint denn die Wirbelsäule in der richtigen Verfassung, um von dem Extensor dorsi vom Becken aus mit dem Rumpf in die Höhe gehoben zu werden. Wie sehr nun aber im übrigen die Wirbelsäule der Raubthiere gerade für den Sprung eingerichtet ist, haben wir oben bei der genaueren osteologischen Betrachtung gesehen.

In der langen Lendengegend, den langgezogenen, nach vorn gerichteten Dornen, den langen, schräg nach abwärts und nach aussen gerichteten Querfortsätzen und den nach vorn ansteigenden kräftigen Gelenkfortsätzen, ferner in den scharf ausgezogenen Seitendornen und den tiefen Gruben seitlich dem Kreuzbein sehen wir die prächtigsten Ausgangs- und Angriffspunkte für den kräftigen, zwischen den hohen Knochenfortsätzen tief eingebetteten Rückenstrecker.[1])

Nehmen wir nun noch hinzu, dass die dorsale Streckung der Lenden gerade sehr beschränkt ist und der gewölbte Rücken dem über ihn hinwegsteigenden Extensor dorsi die Arbeit, den Vorderrumpf zu erheben, bedeutend erleichtern muss, so haben wir die Momente aufgeführt, die bei Katzen, Mardern, Füchsen, Lemuren etc. gerade für den Sprung diese Thiere

[1]) Man vergleiche die in Rede stehenden Skelettheile der flüchtigen Fuchsaffen und des torpiden Faulthier auf Tafel 23 u. 24.

besonders befähigen. Hierfür sprechen auch die verschiedenen Gewichtsverhältnisse der Bauch- und Rückenmuskeln. Bei Lemur wiegt der Extensor dorsi 39 g, die Bauchmuskeln 25 g. Bei *Cholocpus* jedoch der Rückenstrecker 34 g, die Bauchmuskeln aber 48 g.

Die von dem Becken, dem Hüft- und Sitzbein kommenden, an den Oberschenkel sich befestigenden Muskeln, noch mehr aber die Ober- und Unterschenkel angreifenden Biventeren, ferner der Semimembranosus und Semitendinosus, sowie die zu gleicher Zeit rasch erfolgenden Contractionen der Hüfte, des Knie- und des Sprunggelenkes werfen den vorn in die Höhe gehobenen Rumpf vorwärts, wobei der lange und meist buschige oder mit einer Quaste versehene ausgestreckte Schwanz, theils als Balancirstange, theils zum erleichterten Schweben durch die Luft oder zur Steuerung der Richtung dient. Das Schulterblatt aber, durch den hinteren Cucullaris und den Serratus nach hinten und abwärts gezogen, der Oberarm durch Deltoideus, und vorderen Cucullaris, sowie durch Supraspinatus nach vorn gestreckt, der Vorderarm durch Biceps und Brachialis und endlich die Metacarpen und die Hand in eine horizontale Lage gebracht, machen es den Köpfen der Metacarpen möglich den voran schwingenden Rumpf auf dem Boden aufzunehmen.

Der auf diese Weise dem Rumpf begegnende Stoss wird durch die Elasticität der mantelartig um den Vorderrumpf und Humerus gelagerten Cucullaris, Pectoralis etc. aufgenommen und beseitigt, dieselben Muskeln, aber namentlich Pectoralis, Latissimus, Deltoideus sind es, welche an der in senkrechtem Schwung um die Köpfchen der Metacarpen sich bewegenden Vorderextremität den Rumpf sich nachziehen.

Was hier über die Sprungbewegung im allgemeinen gesagt ist, gilt aber ganz besonders für die Lemuren, die bekanntlich meist nur auf Bäumen leben, in mächtigen Sätzen und mit einer Schnelligkeit, der oft das Auge kaum zu folgen vermag, von Ast zu Ast springen und nur wenig den Erdboden besuchen.

Möge vorstehende Studie vorläufig genügen, in das so wenig beachtete interessante Muskelspiel des sich bewegenden Säugethieres einiges Licht verbreitet zu haben. Möge aber auch dieser erste Versuch bei den Zoologen ein Interesse für solche Fragen, welche das Verständniss der Formen und der functionellen Bedeutung der Gebilde des Wirbelthierkörpers suchen, wachrufen. — Ob dieser Wunsch freilich bei vielen, bei welchen die Kenntniss der topographischen menschlichen Anatomie, sowie die der Wirbelthiere und das Interesse für letztere seltener ist, in Erfüllung gehen wird, muss die Zeit lehren.

Im September 1881.

II. Lemur macaco und Choloepus didactylus.

Erst seit Darwin's epochemachenden Werken über »Die Entstehung der Arten«, über die »Domestication der Thiere« und endlich über die »Abstammung des Menschen« hat die vergleichende Anatomie der höheren Wirbelthiere einen neuen Aufschwung genommen.

Vor Darwin suchten die Zoologen ihre Aufgabe darin, die Zahl der Arten zu vermehren, und die kleinste Abänderung begründete eine neue Species. Doch seit Darwin's »natürlicher Auswahl« betraten die jüngeren Forscher einen ganz entgegengesetzten Weg. Statt nämlich, wie jene, zu trennen, vereinigen sie und suchen jede Kleinigkeit, man könnte sagen osteologischen Nipp auf, um Uebergänge und Verwandtschaften herzustellen.

Während wir aber bis dahin fast jeden Fortschritt in der Zoologie und Anatomie dem Mikroscop zu danken hatten, so fasste Darwin in weiter Umschau die gesammten makroscopischen Grössenverhältnisse in's Auge und erneuerte auf diese Weise wieder das Interesse für die höheren Thiere. Da waren es denn zuerst die Anthropoiden, an welchen Huxley (Evidence as to man's place in nature) nachzuweisen sich bemühete, dass: »der Mensch ein Glied derselben Ordnung sei, wie die Affen und Lemuren.« Weiter erstreckten sich dann auch die Untersuchungen auf andere Säugethiere und beschränkten sich nicht mehr auf das Skelet, sondern behandelten auch die Muskeln. Ausser den gründlichen Arbeiten unsers Th. Bischoff über Hylobates Gorilla und die Gehirnwindungen der Affen etc. dürften besonders die Arbeiten der Engländer: Owen über Chiromys, Humphry (Observations in Myologie), Macalister über die Muskeln des Gorilla, dann die Anatomie der Lemuriden von J. Murie und G. Mivart, sowie die schönen Arbeiten des ersten über *Manatus australis*, sowie *Otaria jubata*, in welchen die früher so vernachlässigte Myologie ihre volle Würdigung fand, erwähnt werden.

Auch ich habe mich seit Jahren mit der Myologie der Säugethiere beschäftigt und ohne Rücksicht auf Darwin's Hypothese, die Bedeutung der Muskeln für das Skelet und umgekehrt sowie für die Bewegung zu untersuchen, mich bemühet.

In meiner Arbeit über »Die Robbe und Otter« habe ich zunächst Thiere behandelt, denen jede, oder fast jede Spur eines Schlüsselbeines fehlt und die zwischen Wasser- und Landthieren einen vermittelnden Uebergang bildeten. Mit der Robbe, der jede Spur eines Schlüsselbeines mangelt, verglich ich die, statt eines Schlüsselbeines nur einen Knochenkern besitzende Otter. Ich ging dann zu den mit einem rudimentären Schlüsselbein versehenen Raubthieren über und gelangte so zu den Vierhändern und dem Menschen.

In vorliegender Arbeit habe ich zwei Thiere zu untersuchen unternommen, welche zwar beide einen entwickelten Schultergürtel haben, aber trotzdem, dass beide auf Bäumen leben, doch in ihrer Lebens- und Fortbewegungsweise so unendlich weit von einander verschieden sind.

Ich meine den flüchtigen, raubthierartigen Fuchsaffen und den zur Trägheit verfluchten Unau.

Da der Lemur rücksichtlich seiner Bildung zwischen Raubthier und Vierhänder steht, so war es aber doch auch meine Aufgabe, dieses Thier nach beiden Seiten zu vergleichen. Nachdem die osteologischen und myologischen Verhältnisse jener behandelt waren, ging ich zur Betrachtung der gleichen Systeme des Faulthiers über. Dann suchte ich die Unterschiede des Lemur mit dem Choloepus festzustellen und beide in mechanisch-physiologischer Hinsicht, nach morphologischer Bildung, Grösse und Gewicht der Knochen und Muskeln, Lagerung der Gelenkaxen, Excursionen der Glieder bei Bewegung gegenüber zu stellen, wobei näherstehende Thiere zur Vergleichung benutzt wurden.

Dass die so ausgedehnten und mehrfach wiederholten Untersuchungen doch immer nur mehr allgemeine, im Einzelnen nicht stichhaltige Resultate geben können, liegt in der Sache selbst.

Denn Thiere, die auf der Jagd erlegt und frisch in meine Hände kamen, zeigten andere Gewichtsverhältnisse als Thiere aus zoologischen Gärten und Menagerien, welche langsam hingeschmachtet waren. Dann hatte das eine Exemplar lange in Weingeist oder in chroms. Kali gelegen, ein anderes wurde frisch untersucht, war aber seciert, oder auf Wunsch der Balgzoologen abgehäutet. Aus diesen Gründen musste ich mich, um eine Gleichmässigkeit zu erhalten, nur auf das Gewicht des Skelettes statt des ganzen Thieres beschränken. Wenn deshalb die Gewichtsverhältnisse der einzelnen Thiere zu einander keinen Werth haben können, so geben doch die einzelnen Theile ein und desselben Thieres zu einander massgebende Verhältnisse an, welche für die Mechanik schätzenswerthe Aufklärung liefern. — Wenn uns auch obige nicht zu beseitigende Schwierigkeiten entgegentreten, so müssen wir uns mit den Mikroscopikern trösten, welche mit ihren Reagentien, Titriren, Kochen und Brauen oft auf weit schiefere Wege gerathen.

Rücksichtlich der Tafeln habe ich zu bemerken, dass alle Zeichnungen, mit Ausnahme der Tafel XV—XVI, geometrische Aufrisse sind und von mir in Contour, mittelst neben-

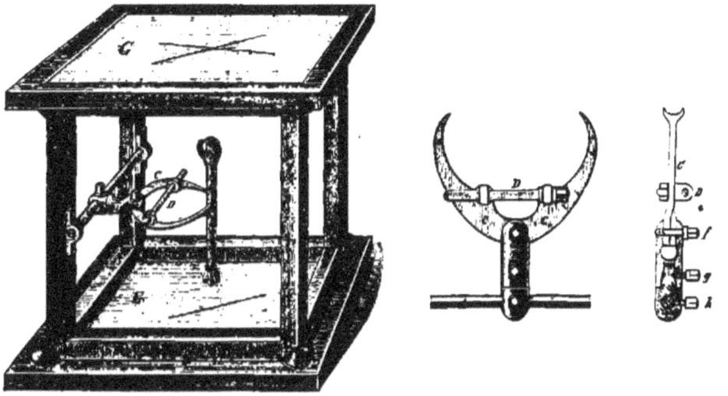

A Ist die Querstange von Stahl.
B Der Charnierkopf für die Zangenarme.
C Die Zangenarme, welche mit der Schraube *D* zum Festhalten der Objecte zusammengeschraubt werden.
f Schraube zum Festklemmen der Zange in ihrer vertikalen Stellung.
g Schraube zum Feststellen der horizontalen Drehung.
h Schraube zum Feststellen des Charnierkopfes auf der Stange *A*.
G Glastafeln mit der Achsenbestimmung.

stehendem Orthographen angefertigt wurden. Die oberen und unteren Gelenkaxen der Röhrenknochen wurden auf die obere und, nach Umdrehen des Apparates, auf die untere Glastafel gezeichnet und dann in einander gelegt.

A. Knochen und Muskeln des Lemur macaco.

---

1. Der Schädel.

Taf. XXII.

Schädel. Wenngleich die Zoologen dem *Lemur* den Namen »Fuchs-Affe« geben, so ist doch die Aehnlichkeit mit dem Fuchse nur eine sehr oberflächliche. Schon das Verhältniss des Cranium zum Gesicht ist ein anderes. Beim *Lemur* ist das Cranium breiter und gewölbter und die Lineae temporales steigen nicht zur Bildung einer Crista auf die Höhe des Schädels. Auch ist die crist. occipitalis transversa bei weitem weniger ausgebildet, und die Jochbogen haben nicht die in sagittaler Richtung verlaufende Schwingung. Besonders aber charakteristisch für den *Lemur* ist der Uebergang des Schädels auf das Gesicht. Hier die grossen, weiten, stark vorspringenden, knöchernen, bogenförmigen oberen Augenränder und die breite, dreieckige supraorbitale Fläche, an welche sich zum Jochbogen herabtretende Orbitalränder und eine breite Gesichtsbildung anschliesst. Die Augenhöhlen liegen dabei steil und sind mehr frontal gegen einander gelagert, während sie bei dem Fuchs in einem kleineren, nach hinten und unten offnen Winkel zur Mediane liegen und dabei eine Richtung schräg nach aussen und oben zeigen. Das Gesicht macht den Eindruck, als wären die Oberkiefer nach der Seite etwas aufgetrieben. Durch die breiten Oberkiefer schliessen die oberen Zähne die untere Zahnreihe von beiden Seiten ein, und der Eckzahn des Unterkiefers hat das ganz Eigenthümliche, dass er hinter dem des Oberkiefers steht. Statt der sechs senkrechten Schneidezähne im Ober- und Unterkiefer des Fuchses kommen hier sechs horizontal liegende im Unterkiefer vor, der Oberkiefer hat jedoch nur vier kleine Zähne, welche durch eine mittlere Lücke getrennt sind. Von den sechs Backzähnen haben nur die zwei vorderen schmale, dreieckige pyramidenförmige Spitzen, die vier hinteren jedoch innen eine breite ausgehöhlte Kaufläche und nur lateral mehr stumpfe Spitzen. Von einem Reisszahn ist hier keine Rede. Aehnlich so gestaltet sind auch die fünf Backzähne im Unterkiefer. Auch hier ist der Proc. coronoid. wie bei den Caninen hoch und in sagittaler

Richtung ausgedehnt, der Gelenkfortsatz jedoch sehr nieder gelagert und der Winkel in einen Fortsatz ausgezogen.

War der *Lemur* in seiner Schädelbildung verschieden von dem Caninen, so ist kaum eine Aehnlichkeit mit *Inuus* zu finden. Hier zeigt der breite, runde Schädel, das kurze Gesicht, die hinten geschlossenen Orbitalhöhlen, die kurzen, engen Nasenbeine, die an einander gerückten, nach vorn gerichteten Augenhöhlen, die weit grössere Hinterhauptschuppe. das weit mehr horizontal liegende Hinterhauptloch, die von aussen kaum wahr zu nehmenden Trommelhöhlen den *Inuus* von dem *Lemur* sehr weit entfernt. Ferner zeigen die grossen mittleren Schneidezähne des Oberkiefers, die stumpferen Eckzähne nebst fünf Backzähnen im Ober- und Unterkiefer, die kürzeren Proc. coronoid., die fast in gleicher Höhe mit jenem stehenden Gelenkfortsätze, sowie die abgerundeten Winkel am Unterkiefer gewaltige Verschiedenheiten. Auch steht hier der Eckzahn des Unterkiefers vor dem des oberen.

Die Schädelhöhle zeigt uns beim *Lemur* eine ansteigende Schädelbasis, ein mehr geneigtes Hinterhauptloch und ebenfalls ein geneigtes Cribrum. — Beim Fuchs ist dagegen die Schädelbasis herabgesunken, das For. mag. und Cribrum steht steil. Ausserdem findet sich hier ein knöchernes Hirnzelt sowie ein Sinus frontalis, welche beide dem *Lemur* fehlen. — Bei *Inuus* dagegen ist die Schädelhöhle rund und geräumig, die Schädelbasis stark aufsteigend, das Cribrum und das For. mag. dagegen niedergelegt.

Einige Messungen dürften dieses noch ausführlicher darthun. Führt man von dem unteren Ende des For. mag. eine Linie zum oberen Ende desselben, so bildet diese mit der Horizontale (for. mag. zur spina nasalis) bei *Vulpes* einen Winkel von 105°, bei *Lemur* 136° und bei *Inuus* 160°. Wir sehen also hier das Herabsinken des Hinterhauptloches. — Von eben jener Stelle zeigt ein Schenkel zur Wurzel des Vomer bei *Vulpes* 6°, bei *Lemur* 17° und bei *Inuus* 20° mit der Horizontale. Ein gleiches Verhältniss zeigt das Planum sphoenoidale zum Horizont, bei *Vulpes* 15°, *Lemur* 24° und *Inuus* 49°. Aus diesen beiden Zahlenreihen überzeugen wir uns aufs deutlichste vom allmäligen Erheben der Schädelbasis. — Verbinden wir nun endlich die beiden Endpunkte des Cribrum durch eine Linie und verlängern diese zur Horizontale, so erhalten wir auf der hinteren Seite einen Winkel von 101° bei *Vulpes*, bei *Lemur* 139°, bei *Inuus* aber legt sich das Cribrum so sehr darnieder, dass es mit der Horizontale fast parallel wird.[1]) — Noch sei bemerkt, dass die Länge der Horizontale bei *Vulpes* 133 mm, bei *Lemur* 88 mm und bei *Inuus* 68 mm beträgt.

---

[1]) Ganz die gleichen Abstufungen der Winkel, wie hier zwischen Vulpes, Lemur und Inuus, finden sich auch zwischen Orang, Gorilla und Mensch.

2. Rumpfskelet.

Taf. XXIII und XXIV.

Der *Lemur* hat im Ganzen in seinem Rumpfskelet grosse Aehnlichkeit mit dem Skelet des Fuchses, denn was das Verhältniss der Brust- zur Länge der Lendenwirbel und der Länge der ganzen Wirbelsäule betrifft, so sind diese so ziemlich gleich, und während der Fuchs einen längeren Hals hat, sehen wir bei *Lemur* einen längeren Schwanz. [1]

Die Zahl der Wirbel ist in den Lenden und dem Hals die gleiche (7), dagegen hat der Fuchs einen Brustwirbel mehr (13), der *Lemur* 12. Nun zeigt aber schon der Augenschein, dass alle Bogenstücke in Hals, Brust und den Lenden beim *Lemur* breiter sind. Ebenso ist der Thorax, namentlich in seinem vorderen Theil, breiter und weniger tief.

Gehen wir mehr in's Einzelne, so zeigt sich der Dorn des zweiten Halswirbels bei dem Fuchs viel länger, dagegen bleiben die Dornen der übrigen Halswirbel im Verhältniss zu den spitzen Dornen des *Lemur* zurück, andererseits sind die Dornen des Rückens bei dem Fuchs ungleich länger und stärker bis zur vertebra intermedia (der zehnte Rückenwirbel hier wie bei dem *Lemur*). — In den Lenden sind die hinten auf den Bogen breit aufsitzenden und nach vorn und oben geneigten, den Dornen der Rückenwirbel entgegen gerichteten Lendendornen bei beiden verhältnissmässig gleich. Die nach vorn aufsteigenden Gelenkfortsätze sind jedoch bei *Vulpes* etwas länger. Dadurch wird der sulcus medianus zwischen Dorn- und Gelenkfortsätzen tiefer, obgleich schmäler. Die Querfortsätze sind dagegen in den Lenden bei dem *Vulpes* länger nach vorn und abwärts steigend. Bei *Lemur* etwas kürzer, aber in sagittaler Richtung mit breiterer Basis aufsitzend. Die Seitendornen der Lenden sind bei *Lemur* kräftiger. — Das Kreuzbein endlich besteht bei *Vulpes* aus drei kurzen, bei *Lemur* aber aus drei langen Wirbeln. Der *Lemur* hat 22 Schwanzwirbel, der Fuchs aber 17. — Die Rippen sind bei *Lemur* mehr seitlich geschweift und die vorderen Rippenknorpel länger als bei *Vulpes*. *Lemur* hat 9 wahre Rippen gleich dem *Vulpes*. Das Brustbein besteht bei *Lemur* wie bei *Vulpes* aus sechs Knochenstücken, welche jedoch bei letzterem länger aber schmäler als bei ersterem sind. Namentlich ist das Manubrium bei dem *Lemur* breiter. — Rücksichtlich des Beckens ist zu bemerken, dass der sogenannte gerade Durchmesser des Beckens im Ganzen bei *Lemur*

[1] Die Länge der Wirbelsäule des getrockneten Skelettes ist bei *Vulpus* = 47 cm, bei *Lemur* = 32 und der Schwanz des ersten ist 35 cm lang und der des letztern 53. Der Quotient der Länge der Brust- zur Rumpfwirbelsäule ist bei *Vulpes* 2,6, bei *Lemur* 2,1. — Ebenso der Quotient der Lendenwirbel bei ersterem 3,1, bei letzterem 2,6, und für die Halslänge erhalten wir bei *Vulpes* 3,6 und bei *Lemur* 5,6.

viel länger als beim Fuchs ist, und da die Schambeine im steileren Winkel zu einander stehen, so ist auch der untere Ausgang tiefer als beim Fuchs. Hier liegen die Schambeine ziemlich flach an einander, die Sitzbeintubera, die bei dem *Lemur* ähnlich denen des Menschen gelagert sind, sind bei dem Fuchs flügelförmig nach der Seite ausgezogen. — Wir kommen nun zum Vergleich des *Lemur* mit dem *Inuus cynomolgus.*

Die Längenausdehnung der Wirbelsäule bei *Lemur* beträgt im trockenen Zustande 32 cm, der Hals 6 cm, die Brust 13, die Lenden 11, Kreuzbein 3 cm. Bei *Inuus* 26 cm, 4, 10, 9 cm und Kreuzbein 3 cm. Es sind also keine grossen Veränderungen im Verhältniss der verschiedenen Regionen. Auch die Zahl der Wirbel des Rückens ist die gleiche, auch fällt die vertebra intermedia bei beiden in den zehnten Rückenwirbel; während jedoch der *Lemur* sieben Lendenwirbel besitzt, hat *Inuus* nur sechs.

Beim *Lemur* sind die Wirbelkörper des Halses höher, die Dornfortsätze spitzer. Im Rücken sind Körper und Bogen länger, die Dornen stehen freier und sind nicht so auf einander gedrängt. Grösser sind die Verschiedenheiten in den Lenden. Diese sind nicht allein länger und auf der Ventralseite mit einer Längscrista versehen, sondern zeigen auch in sagittaler Richtung längere Querfortsätze und höher aufsteigende vordere Gelenkfortsätze, endlich ungleich höher scharf aufsteigende, nach vorne gerichtete Dornfortsätze, ganz wie bei den Raubthieren. Bei *Inuus* sind diese Lendendornen gerade aufsteigend, und statt scharf auszulaufen, schwellen sie meist an ihren oberen Enden in sagittaler und frontaler Richtung stumpf an. Der Dornfortsatz des ersten Kreuzbeinwirbels ist sagittal sehr lang und hoch. — Die 12 Rippen des *Lemur* sind schlanker und schmäler und befestigen sich in der Zahl 9 an das Brustbein, bei *Inuus* sind es nur sieben. Auch die Rippenknorpel sind länger. Das Brustbein ist bei beiden auf sieben schmalen Knochen zusammengesetzt. Uebrigens ist das Manubrium beim *Inuus* breiter. — Das Becken des *Lemur* ist schmäler und graciler. Die Hüftbeine sind schlank und ihre Kämme nach aussen geschweift und mit der Fläche nach abwärts gerichtet. Bei *Inuus* sind sie plump und liegen mehr frontal. Endlich sind die Tubera ischiatica bei *Inuus* breit angeschwollen und die Hüftlöcher sind enger als bei *Lemur*. — Kurz der ganze Rumpf ist bei *Inuus* gedrungener und die Vorderbrust breiter.

Durch die grössere Länge der Dorn- und Gelenkfortsätze der Lenden ist die Längsfurche zwischen diesen Fortsätzen tiefer und schmäler, als bei *Inuus.*

Die Höhen-(Längen)verhältnisse der Lig. intervertebralia im frischen Zustande gemessen, geben bei *Lemur* folgende Zahlen. Zwischen Becken und Lendenwirbel 5 mm, der nächste 4 mm. An den hinteren Brustwirbeln 4 mm, der letzte Halswirbel 3 mm. Aehnlich diesen zeigen sich die Wirbelkörper. Der letzte Lendenwirbel ist 13 mm lang, der letzte Rückenwirbel 12 mm. Der erste Rückenwirbel ist gleich dem letzten Halswirbel 6 mm. Die Verhältnisse der Bänder sind die gewöhnlichen.

Rücksichtlich der Beweglichkeit ist zu bemerken, dass die Lendengegend in dorsaler Richtung sich nur zu einer geraden Linie strecken lässt, während die ventrale Beugung weit grösser ist. In der Brustgegend herrscht die laterale Beugung vor. Im Hals ist Beugung nach allen Seiten gleich. — Ferner ist zu bemerken, dass, wenn bei dem Thier (im Weingeist) der Atlas gegen den letzten Lendenwirbel ventral gebeugt wird, die grösste Beugung in die Lendenwirbel fällt. Hier ist die Pfeilhöhe 17 cm hoch und die Sehne des Bogens ist 23 cm. Im frischen Zustande beträgt die Wirbelsäule 40 cm. Die Rotation der Brustwirbel ergiebt fast 90°.

3. Knochen der Hinterextremität.

Tafel XVII, XVIII, XXI.

Der Femur, dessen Gelenkkopf fast ¾ einer Kugel (grösster Durchmesser von hinten nach vorn), ist sehr lang und vollkommen gerade. Er hat starke Trochanteren, in deren Bereich seitliche Anfänge einer linea aspera sich befinden. Von den Condylen ist der innere grösser, zeigt eine frontale Schweifung nach der lateralen Seite und steht tiefer als jener. Die Axe der Condylen bildet mit der Längsaxe des Knochens einen grösseren Winkel auf der medianen, als der lateralen Seite. Die X-Axe des Gelenkkopfes (d. h. die Axe, die senkrecht auf der Mediane des Körpers steht) differirt mit der X-Axe der Condylen nur um 1°.

Bei dem Fuchs ist die Diaphysis nach vorn convex gebogen und ebenso bei *Inuus*. Bei ersterem ist die Fovea patellaris eng und schmal, bei letzterem weiter. Bei *Inuus* steht der Condylus internus nicht tiefer und die X-Axe der Condylen (Taf. XVIII. c. d.) bildet mit der X-Axe des Humeruskopfes einen Winkel von 8°.

Bezüglich des Hüftgelenkes ist für den *Lemur* zu erwähnen, dass die starke Kapsel den Hals umzieht, an der oberen und hinteren Seite frei in einem Bogen sich herüberspannt und nur an der unteren, vorderen Basis angewachsen ist. Ein lig. teres ist vorhanden.

Unterschenkel. Tibia und Fibula sind lang, gleich dem Oberschenkel. Erstere ist etwas convex nach vorn gebogen. Die beiden oberen Gelenkflächen fallen kaum nach hinten ab, die mediane ist tellerförmig vertieft, die laterale aber von vorn nach hinten gewölbt. Am unteren Gelenke findet sich ein grosser, hakenförmig gebogener Condylus internus, dem eine horizontale, von vorn nach hinten ausgehöhlte Gelenkfläche anliegt, welche durch eine sagittale Crista von einem lateral schräg aufsteigenden Felde getrennt ist. Dieses laterale Feld legt sich mit seinem vorderen Rand an die median schräg aufsteigende Gelenkfläche der Fibula an, dann aber laufen beide mit einander in einen nach hinten offenen Spalt aus einander.

Inuus zeigt ähnliche Verhältnisse. Der Unterschenkel ist jedoch hier kleiner, die Tibia nach vorn und innen stark convex und durch einen grossen Raum von der gerade laufenden Fibula getrennt. Die oberen Gelenkflächen sind hier mehr nach hinten absteigend, als beim *Lemur*; die untere Gelenkfläche zeigt mehr menschliche Form und hat nicht jenen hinteren breiten Ausschnitt wie der *Lemur*. Der laterale Theil bildet hier mit der Fibula eine sagittal laufende, vorn und hinten jedoch geschlossene Grube.

Bei dem Fuchs ist die Tibia statt in der Längsrichtung nach vorn convex, im Gegentheil etwas concav, von einer Seite zur anderen aber vollkommen gerade. Die Tuberositas tibiae ist hier viel stärker, als bei den vorhergehenden Thieren. Die oberen Gelenkflächen verhalten sich wie bei *Lemur*. Die untere, durch Tibia und Fibula gebildete Gelenkfläche ist sehr verschieden von der vorigen. Sie ist eine scharf ausgeprägte Hohlrolle, die von vorn nach hinten durch einen Grat in zwei tiefe Gruben getheilt, von einem steilen Condylus internus und externus begränzt, vorn und hinten nur durch Vorsprünge eingefasst ist. Die Fibula liegt der Tibia wie bei *Lemur* mehr an. Sie ist oben durch einen dreieckigen Raum von jener getrennt, in der unteren Hälfte aber an jene angelötet. Die Patella, die dort breit, ist hier schmal und hoch.

Das Kniegelenk des *Lemur* hat seine Verhältnisse ganz wie bei dem Menschen und den Vierhändern. Es findet sich ein breites lig. laterale internum und zwei sich kreuzende lig. lat. externa, lig. cruciata, halbmondförmige Bandscheiben etc., in Lagerung und Befestigung wie bei dem Menschen. Das Gelenk ist auch hier eine Ginglymo-Arthrodie, bei welcher die Seitenbänder nur in der Streckung gespannt, jede Rotation verhindern, in der Beugung aber erschlaffen, wo dann die Rotation des Femur nach Innen stärker ist, als die nach Aussen. Dieses wird durch die sehr verschiebbare Bandscheibe und den Ansatz der lig. externa weiter nach vorne am Femur, sowie auch die mehr nach hinten sich befestigende lig. laterale interna veranlasst. Ebenso spannt sich bei der Rotation nach Aussen das hintere Kreuzband. Dasselbe ist bei der Streckung der Fall. Bei der Beugung und der Rotation des Femur nach Innen spannt sich das vordere Kreuzband. Bei der Beugung und Streckung verschiebt sich auch hier der Condylus internus des Femur auf seiner Bandscheibe, sowie der Condylus externus mit seiner Bandscheibe auf der Tibia. Zu bemerken ist noch, dass das Lig. cruciat. post. durch die sehr starken Bandlager in den Kniekehlen sehr verstärkt wird.

Die Patella ist hoch und schmal, in der Mitte mit einem sagittal verlaufenden convexen Grat versehen. Die obere Gelenkaxe der Tibia (X-Axe, Taf. XVII. *a b*) bildet mit der Axe des unteren Gelenkes bei *Lemur* einen Winkel von 15°, bei *Inuus* einen Winkel von 19°.

Der Fuss hat eine fast vollkommene Uebereinstimmung mit dem Fuss des *Inuus*. Es sind die sieben Tarsalen in derselben Lage und Anordnung im Ganzen wie beim Menschen. Selbst die Grössenverhältnisse der einzelnen Knochen sind bei dem *Inuus* gleich, nur sind bei letzterem die Ecken und Kanten schärfer ausgeprägt. — Das Os cuneiforme primum hat eine breite, in der Mitte etwas vertiefte, von oben median nach unten lateral liegende Stelle, woran sich der Metatarsus des Daumens mit einer Hohlrolle anlegt. Die übrigen Metatarsen sind hier ganz wie bei *Inuus*; auch finden sich die Sesambeine im Metatarsophalangealgelenk. Die Phalangen selbst aber sind gebogen, welches bei *Inuus* nicht der Fall. Auch sind sie länger. Die Phalanx III steht stets in einem Winkel zur Phalanx secunda.

Wir haben schon erwähnt, dass die Knochen des Vierhänders eine mehr scharfe Ausprägung haben als die des *Lemur*. Nur habe ich noch rücksichtlich der Rolle des Talus zu bemerken, dass beim *Lemur* die obere Rollfläche weniger in ihrem mittleren Gang vertieft ist und dass ganz besonders die beiden Seitenflächen nicht so scharf von der oberen abgesetzt sind; ganz besonders die laterale Seitenfläche. Statt mehr als senkrecht von dem Rande herabzusteigen, und in der Mitte gleichsam einen vertieften Schraubengang zu bilden, wie bei *Inuus*, steigt sie mehr als eine ebene Fläche in schräger Neigung nach aussen und vorn herab. Noch sei erwähnt, dass die Gelenkfläche am Unterschenkel, der Talusrolle gegenüber, sehr breit ist.

Wenden wir uns nun noch zur Betrachtung des Fusses beim Fuchs, so sind auch hier die Tarsalen in gleicher Zahl und Anordnung wie bei jenen Thieren, allein der ganze Tarsus ist schmäler, die Fersenfortsätze länger, und die doch wenigstens theilweise bei jenen angedeutete Höhlung der Plantarfläche der Sohle fehlt hier. Ja, im Gegentheil zeigt die zweite Reihe der Tarsalen eine nach abwärts etwas gewölbte Fläche. Das Cuneiforme, welches dort so sehr ausgebildet erscheint, ist hier sehr klein und trägt den verkümmerten Metatarsus des Daumens. Die obere Gelenkfläche des Talus zeigt, entsprechend der Gelenkfläche der Tibia, eine sehr starke, tief eingeschnittene Rinne. Die vier Metatarsen sind hier doppelt so lang, als der Tarsus, während die des Daumens ganz verkümmert ist. Den Metatarsen gegenüber sind die vier Grundphalangen sehr kurz und dorsalwärts aufgerichtet, die zweiten neigen sich abwärts, während die dritten wieder aufwärts stehen. Zu bemerken wäre noch, dass, während die

Tarsalen jener plantaren Aushöhlung entbehren, die Metatarsalen jedoch eine frontale Aushöhlung zeigen.

Bewegung. Gehen wir zur Bewegung der Fussgelenke beim *Lemur* über, so steht bei dorsaler Beugung der äussere und innere Fussrand in einer horizontalen Ebene. Beim Uebergang aber in die plantare Beugung entsteht eine Adduction des Fusses und eine Drehung um seine Längsaxe. Der Daumen und der mediane Fussrand steht jetzt oben, der entgegengesetzte unten, es zeigt sich also eine starke Supination. — Diese auch bei *Inuus* vorkommende Bewegung wird dadurch bedingt, dass die obere Talusrolle hinten schmäler ist als vorne und dass der laterale Rand sowohl in senkrechter Richtung höher steht und auch in sagittaler länger ist, als der mediane. Wir haben also hier einen Kegel, dessen Axe horizontal und frontal liegt, und dessen Basis einen grösseren Weg bei der Drehung um die Axe zu machen hat und dabei einen Kreis um den Condylus internus beschreibt. Bei der plantären Flexion ist das Lig. laterale internum, bei der dorsalen das Lig. calcaneo fibulare gespannt.

Zwischen der ersten und zweiten Reihe der Tarsalen kommt eine Rotation vor, deren Axe zwischen Cuboideum und Naviculare verläuft. Ferner findet sich eine Art Charnierbewegung zwischen der zweiten Reihe der Tarsalen und der Basis der Metatarsalen. Die Axe liegt in der Verbindungslinie beider. Die Charnierbewegung des Daumens steht fast in einem rechten Winkel zu dem der übrigen Tarso-Metatarsal-Gelenke. Diese haben eine plantare dorsale Excursion. In dem gestreckten Zustande findet auch eine Rotation zwischen Metatarsus und Phalanx statt, welche in der Flexion verschwindet. Endlich aber ist zu erwähnen, dass die Phalangen im Leben stets eine gebogene Stellung zu einander haben und dass die Thiere auf ebenem Boden, neben der Sohle, immer mit der Spitze der dritten Phalanx den Boden berühren.

Hält man das Thier schwebend, so zeigt sich das Hüftgelenk in Abduction, das Knie circa 130° gebeugt, der Fuss steht aber in Supination.

Verhalten sich die soeben besprochenen Verhältnisse im Fusse des *Lemur* fast ganz ebenso bei dem Vierhänder, so ist es natürlich bei dem Fuchs anders. Hier ist wie in dem Unterschenkel keine Spur einer Rotation, hier ist nur strikte und kräftige Charnierbewegung.

Rücksichtlich der ganzen Hinterextremität dieser Thiere sei noch erwähnt, dass sowohl bei *Lemur* als auch bei *Inuus* der Oberschenkel länger als der Unterschenkel ist, bei *Vulpes* aber beide Knochen in umgekehrtem Verhältniss stehen, bei *Felis catus* aber die Länge beider gleich ist. Der Fuss aber ist bei dem Fuchs bei weitem am längsten.

4. Der Schultergürtel und die Vorderextremität.

Tafel XIX bis XXII.

Was zunächst das **Schlüsselbein** betrifft, so fehlt diesem an dem Akromialende jene S-förmige Krümmung, jene ventrale Concavität, wie sie noch bei *Inuus* zu finden und so deutlich bei dem Menschen ausgesprochen ist. Die Gelenkfläche für das Akromion ist ausgehöhlt und articulirt mit einer etwas gewölbten Fläche der Clavicula. Ausser der Kapsel, in welcher hier eine Rotation, sowie eine Charnierbewegung ermöglicht ist, findet sich, wie bei dem Menschen, ein Lig. trapezoideum und Conoideum zur Befestigung der Schulter und Clavicula. Das Sternalende zeigt eine dorso-ventrale, leichtgewölbte Gelenkfläche, welche mit der vertieften Fläche am Sternum articulirt. Hier ist eine Charnierbewegung. In der Kapsel findet sich der Zwischenknorpel, der zur Verstärkung derselben dient. Ausserdem das Lig. interclaviculare und claviculo-costale zur Beschränkung übertriebener Zerrungen.

Bei dem **Fuchs**, dem der geschlossene Schultergürtel fehlt, findet man in der Vereinigungsstelle von Cucullaris, Deltoideus, Pectoralis und Kleidomastoideus nur ein, ein halbes Centimeter grosses, halbmondförmig gebildetes Knöchelchen eingebettet.

Das **Schulterblatt** ist wie bei fast allen Quadrupeden in der Richtung der Crista, also von dem Gelenktheil zum medialen Rande am längsten. Die Pfanne ist in sagittaler Richtung ausgehöhlt und an ihrem oberen, in eine Schniepe auslaufenden Ende, mit dem starken Rabenschnabel verschmolzen. Die Crista scapulae dreht sich in der Nähe ihres Akromialendes um ihre Längsaxe. Die Fossa supra spinata ist hier im Verhältniss zur infra spinata grösser. als bei *Inuus*, bei welchem sich schon mehr eine Verlängerung des hinteren Winkels zur längeren Fossa infra spinata ausspricht.

Beim Fuchs hat das Schulterblatt eine lange Crista, die senkrecht auf der Knochenfläche verläuft und an dem Gelenk in ein etwas gebogenes, dreieckiges, stumpfes Ende endet (verkümmertes Akromion). Zum Unterschied vom *Lemur* beginnt die Crista von einem oberen, gebogenen und gerade vorlaufenden Schulterrand. Der vordere Rand bildet eine scharfe, halbmondförmige Begränzung der Fossa supra spinata. Von einem Rabenschnabel keine Spur.

Der **Oberarm** des *Lemur* ist wie bei *Inuus* nach vorn stark convex gekrümmt. Der nach hinten gerichtete Gelenkkopf ist breit und hoch und läuft nach unten in eine Schniepe aus. Tub. minus und majus haben ihre Leisten, letzterer sogar zwei, eine vorn und eine lateral hinten. Die obere Hälfte des Humerus zeigt daher vier Flächen, während die untere gleich dem Humerus der Affen und Menschen ist, nur dass über dem Condylus internus sich ein foramen condyloideum findet. Dann ist aber auch die untere Gelenkfläche breiter, und Trochlea und Rotula bei *Lemur* weit weniger ausgeprägt. Die X-Axe des oberen Gelenkes steht beim *Lemur* zur untern in einem Winkel von 19°. Bei *Inuus* 14°.

Die Vorderarm-Knochen sind ganz wie bei *Inuus*. Der Radius ist nach vorn und aussen nur noch mehr als bei *Inuus* convex gekrümmt. In entgegengesetzter Richtung aber biegt sich die Ulna, wodurch ein grosser Raum zwischen den Diaphysen beider Knochen entsteht. In seiner medianen Fläche hat er eine bis in die Hälfte seiner Höhe, unten breite, gegen oben schmaler werdende Rinne. — Die Ulna hat ein starkes Olekranon (bei *Lemur* und *Inuus* beträgt es $^1/_5$ der Ulnalänge, bei dem Menschen $^1/_9$). — Am unteren Ende der Ulna ist wie bei *Inuus* ein knopfförmiger Proc. spinosus. Dieser articulirt auf dem Os pisiforme und Triquetrum, ganz wie bei den Raubthieren.

Ganz anders ist das Verhältniss bei dem Fuchs. Hier hat der Humeruskopf oben eine breite Fläche, welche auf das Tuberculum minus übergeht und dann ausgehöhlt zwischen letzterem und dem breiten Tub. maj. abwärts steigt. Nur in seinem oberen Theile ist der Humerus nach vorn convex. Am unteren Gelenk ist von einer Trennung in Rotula und Trochlea keine Rede, sondern nur eine Trochlea, welche in ihrer lateralen Seite eine leichte Anschwellung für den tellerförmigen Kopf des Radius zeigt. Ferner ist die Fossa cubitalis durchbrochen und die Axe des Gelenkes bildet mit der Längsaxe des Knochens auf der medianen Seite einen grösseren Winkel.

Das Ellenbogengelenk des *Lemur* hat die typischen Bänder wie der Mensch und gestattet Charnier- und Rotationsbewegung. Uebrigens lässt sich dieses Gelenk nicht über 132° strecken. Ebenso ist es bei *Inuus*. Nur steht bei diesem wie bei dem Menschen der Condyl. int. tiefer als der exter. In Folge dessen bildet in der Extension des Ellenbogengelenkes der Vorderarm mit Oberarm lateral einen stumpfen Winkel. In der Flexion jedoch legt sich der Vorderarm median vom Oberarm auf die Brust. Beim *Lemur* kann dieses wegen seiner horizontalen Axe nicht geschehen. Ferner steht die Axe des Ellenbogengelenkes zu der des Carpus in einem Winkel von 100° bei *Lemur*. Bei *Inuus* beträgt der Winkel 113°.

Anders sind die Verhältnisse bei *Vulpes*. Hier liegen die langen Vorderarmknochen in stärkster Pronation dicht an einander und zeigen beide eine Convexität nach vorn. Für den Ellenbogen aber ist zu bemerken, dass der Fortsatz des Olekranon sehr stark ist und dass der Kopf des starken Radius nicht drehrund, sondern breit und auf jeder Seite zwei erhöhte Stellen zeigt. Der Hals dieses Knochens ist ebenfalls nicht drehrund, sondern breit und von vorn nach hinten platt gedrückt. Der in der Diaphysis an der Vorderseite frontal gewölbte, hinten aber platte kräftige **Radius** zeigt an seinem unteren Gelenk eine breite ausgehöhlte Gelenkgrube mit einem etwas starken Processus an der Mediane. Die *Ulna* ist oben kräftiger, dann schwächer, schwillt unten wieder an in einen langen, kräftigen, knopfförmigen Fortsatz, welcher mit dem Triquetrum und Pisiforme articulirt. Der Bau der Gelenke sowohl an der Schulter, wie an dem Ellenbogen deutet nur auf Charnierbewegung. Von Rotation existirt keine Spur.

Die **Hand** ist bei dem *Lemur* länger als bei *Inuus*, besonders bedingt durch die Finger. Bei ersterem ist sie 9 cm. lang, bei letzterem aber nur $6^1/_2$. — Der Carpus ist statt aus 9 Knochen, wie bei *Inuus*, aus 10 Knochen zusammengesetzt. Ausser den typisch gelagerten liegt zwischen Capitatum (das freilich statt eines Knopfes ein nach oben zulaufendes spitzes Ende hat) Naviculare und Multangulum minus, das Centrale; ferner findet sich an der Daumenseite des Multangulum majus, zwischen Naviculare und der Basis des Metacarpus I ein Knochenstück, welches dem *Inuus* fehlt. Hamatum, Os pisiforme und Triquetrum sind grösser, als bei *Inuus*. Die beiden letzten haben ausgehöhlte Gelenkflächen für die Ulna. Was endlich die Metacarpen betrifft, so sind diese gleich gross denen des *Inuus*. Die Phalangen I und II sind aber hier grösser und zwar gebogen. Namentlich ist der Daumen in der zweiten Phalanx entwickelter. Hier wie bei den anderen Metacarpophalangealgelenken finden sich Sehnenbeine gleich dem *Inuus*.

Was nun die Bänder betrifft, so sind sie mit Ausnahme der Verbindung zwischen Vorderarm und ersten Reihe der Carpalen ähnlich dem Menschen. Hier wie bei *Inuus* ist keine Capsula sacciformis und Cartilago triangularis, sondern hier finde ich das untere Ende beider Knochen mit Bandsubstanz beweglich mit einander verbunden, und diese Bandsubstanz setzt sich zwischen das Triquetrum und Lunatum fort und trennt so das obere Carpusgelenk in zwei Abtheilungen.

In Bezug auf Bewegung ist zu bemerken, dass zwischen Vorderarm und Carpus fast eine vollständige Arthrodie besteht, dass aber sowohl bei dorsaler wie bei volarer Beugung stets eine Abduction der Hand in Combination tritt. Es kommt nämlich hier immer eine Rotation um den Proc. spinosus der Ulna vor. Beim Laufen auf ebenem Boden steht die erste und zweite Phalange in einem Winkel, die dritte aber berührt mit der Spitze den Boden, die Capitula aber bilden den Stützpunkt. Bei *Inuus* legt sich die Hand platt auf.

Berücksichtigen wir nun noch den Fuchs, so fehlt hier das os Lunatum in der oberen Reihe der Carpalknochen. Das sehr breite Naviculare aber articulirt fast allein mit dem Radius. Die übrigen Carpalen sind an Zahl die gleichen. Die gerade verlaufenden Metacarpen sind sehr lang, mit Ausnahme der ersten für den Daumen, welcher mit seinen zwei Phalangen sehr kurz ist. Die Grundphalangen der übrigen vier Finger sind halb so lang wie die Metacarpen und viel kürzer als die des *Lemur*. Sie steigen in die Höhe und bilden im Leben einen Winkel mit den folgenden Phalangen, während die Endphalangen wieder mehr aufgerichtet sind. Die dorsalen Gruben hinter den Köpfchen der Metacarpen, welche bei *Lemur* ganz fehlen, sind hier, wie bei allen Raubthieren, sehr ausgebildet. Endlich sei bemerkt, dass das ganze Gebilde lang und schmal im Vergleich zu *Lemur* ist.

Die Bewegungen aller dieser Gelenke beruhen nur in der Charniergelenkbildung.

Möge nun noch eine Tabelle über die Excursionen der Gelenke sowie die Grössen und Gewichtsverhältnisse der Knochen von *Vulpes, Lemur* und *Inuus* folgen.

1) Grössenverhältnisse der Knochen in Metern.

	Oberarm.	Unterarm.	Hand.	Oberschenkel.	Unterschenkel.	Fuss.
Vulpes	115 m.	110 m.	114 m.	125 m.	130 m.	151 m.
Lemur	102	93	93	141	122	108
Inuus	97	91	71	103	97	95

2) Gewichtsverhältnisse der getrockneten Knochen in Grammen.

Vulpes	15°	15°	9°	18°	24°	24°
Inuus	9	9	4	10½	9½	8
Lemur	5	5	5	11	9	7

3) Excursionen in Streckung und Beugung.

	Schultergelenk.	Ellenbogen.	Handgelenk.	Hüftgelenk.	Kniegelenk.	Sprunggelenk.
Vulpes	84°	92°	105°	80°	141°	103°
Lemur macaco	100	125	138	105	150	155
Cercopithecus mona . . .	145	144	165	147	180	140
Chimpance	100	135	200	107	105	90

Skeletmuskeln des Lemur.

Indem ich jetzt zu den Muskeln des *Lemur* übergehe, nöthigt mich meine frühere Arbeit, über »Die Robbe und Otter«, zu einigen Bemerkungen.

Bei der Robbe fand ich die oberflächliche, unter den Hautmuskeln liegende und mit letzteren mehrfach verwebte Muskelschicht breit ausgedehnt und nicht blos den ganzen Rumpf, sondern von diesem ausgehend auch die Extremitäten bis zu ihren peripherischen Endtheilen, einhüllend. Diese Schicht bestand aus folgenden Muskeln: Pectoralis, Cucullaris, Latissimus dors., Obliquus abd. ext., Sartorius, Tensor fasc, Biventer femoris, Gracilis und Semitendinosus. Die Muskeln, an ihren Gränzen in einander übergehend, dehnen ihre Wirkung auf weite Gebiete und ganze Gelenkreihen aus, während die mehr in kleinerer Ausbreitung und auf einzelne Gelenke wirksamen Muskelkörper unter jenen Hüllen verborgen, nur an den peripheren Endtheilen der Extremitäten zum Vorschein kommen. Indem ich nun letztere von ersteren trennte und jenen einzelnen Muskelkörpern gegenüberstellte, behandelte ich diese unter der besonderen Ueberschrift als »Muskelhüllen«. Beim Uebergang zu der Otter zeigte es sich jedoch, dass diese Muskelhüllen sich mehr und mehr zu trennen anfingen. Schon hier beschränkte der Obliquus extr. abd. sein Ausbreitungsfeld und liess das Kniegelenk frei zu Tage kommen. Die Trennung wurde dann bei den höheren Raubthieren immer deutlicher. Durch das Zurückziehen der Hüllen gegen den Rumpf hin werden die früher verhüllten Theile der Extremitäten von der Peripherie her immer freier und die Functionen der letzteren mannigfaltiger. Trug hierzu das Wachsen der Röhrenknochen in die Länge das Hauptsächlichste bei (sehr deutlich an der Unterextremität menschlicher Embryonen, Neugeborenen und Erwachsenen, sowie an Vierhändern wahrzunehmen), so waren doch auch noch unter den Hüllen andere Veränderungen vorgegangen. Namentlich war die Ausbildung des Schlüsselbeines, sowie das Breiterwerden des Thorax hier von Belang.

Bei der Robbe findet man keine Spur eines Schlüsselbeines, bei der Otter zeigte sich in der Fascie, welche zwischen Manubrium sterni und Tuberculum minus humeri sich ausbreitet, den Plexus brachialis einschliesst, und in die Fascia brachialis übergeht, an dem Tub. minus ein kleines festes Knötchen, welches als erste Anlage der Clavicula zu erkennen war. In dem allmäligen Fortgang zu den höheren Raubthieren entstand nach und nach ein halbmondförmig gebogenes nach und nach grösser werdendes Knochenstück. Dieses war in der Muskelmasse verborgen und zwar an der Vereinigungsstelle dreier Muskeln. Bei den Felinen zeigte sich noch keine Spur von einer Verbindung des Sternum's mit der Schulter durch die Clavicula. Erst bei den Lemuren und mehr noch bei den Vierhändern kommt die Clavicula zum Vorschein. Mit der vollständigen Entwickelung dieser wird die Brust breit, die Scapula, die vorher sagittal stand, legt sich schräg, nach der Frontale geneigt und der Schultergürtel durchbricht die Muskeln (wie auf einer früheren Stufe die Muskeln der Schwanzlurchen durch die Rippen der Saurier durchbrochen wurden) und trennt die früheren Muskelgruppen. Cucullaris, Pectoralis, Kleidomastoideus und Deltoideus werden von einander getrennt und so entsteht der Schultergürtel mit der weiter entwickelten Vorderextremität in Ellenbogen und Hand.

Wenn nun aber auch an dem Schultergerüste diese Veränderungen vorgehen, so bleiben doch mehr oder weniger die alten Hüllenmuskeln an den Hinterextremitäten bestehen, und ein Hinansteigen der Muskeln wird nur hier noch durch das vermehrte Wachsthum der Knochen wahrgenommen. Wenn ich daher trotz der Veränderungen in den oberflächlichen Muskellagen doch jene Abtheilung »Muskelhüllen« beibehalte und ihnen sogar den Deltoideus, der früher ein Theil des Cucullaris war, beifüge, so glaube ich es auch dadurch gerechtfertigt, dass auch hier bei den Muskeln der rothe Faden, der überhaupt die Bildungsverhältnisse durchzieht, gegenwärtig bleibe.

Die Reihenfolge, in welcher ich daher die Muskeln behandele, ist folgende:

I. Hautmuskel.

II. Muskelhüllen, a. der Vorder-
b. der Hinterextremität.

III. Muskeln zwischen Rumpf und Schulter.

IV. Muskeln der Vorderextremität.

V. Rumpfmuskeln.

1. Spinale.

a) Rücken. b) Schwanz. c) Rumpfkopfmuskel.

2. Viscerale.

VI. Muskeln der Hinteretremität.

1. Hautmuskeln.

Je nach der Körperregion kennen wir drei Hautmuskeln, der Musc. cutaneus ventralis, Cutaneus dorsi und Cutan. cervicis.

Cutaneus ventralis. Die Fascie, welche vom Becken an der Bauchseite heraufsteigt, bekommt seitlich in der oberen Hälfte des Thorax Muskelstreifen, welche, anfangs ausgebreitet und zerstreut, immer mehr zusammentreten und unter dem Pectoralis und über dem Coracobrachialis weggehend, mit dem folgenden vereinigt, nahe unter den Kopf des Humerus bedeckt vom Deltoideus sich ansetzt.

Cutaneus dorsalis. Die Muskelfasern beginnen in der Fascia superf., in der Gegend der Lendenwirbel, steigen über den Rücken, gehen über den Latissimus, verbinden sich in diesem Verlauf mit den Fasern des Ventralis und treten in die Axelhöhle. Von diesen Muskeln gehen nun aber auch Fasern nach hinten auf die Hinterextremität und laufen auf der Vorderseite des Schenkels abwärts. Die Fascie, welche vom Becken mit ihren Muskeln tiefer herabgeht, und eine sehr starke sagittale Falte bildet, umhüllt lateral den Vastus externus und setzt sich an die Linea aspera. Median hüllt sie der Sartorius ein, geht an die Fascia vasorum und überzieht den Gracilis. Auch am Oberarm und der Axelhöhle entsteht eine Falte, welche sich mit der Fascia vasorum in Verbindung setzt.

Cutaneus cervicis entspringt stark und muskulös von der Crista scapulae. Zieht über die Wangengegend, über die Seite und den ventralen Halstheil und verliert sich im Gesicht.

2. Hüllenmuskeln.

1) Pectoralis (Taf. II. Fig. 11) hat zwei Abtheilungen. Die vordere schmale geht vom Knorpel der Costa I. vom Manubrium und der medianen Ecke der pars. sternal. clavicul. mit dem Deltoideus verbunden über das obere Drittel des Humerus herab. Der hintere grössere Theil kommt von dem Brustbein in ganzer Länge und den Knorpeln der vorderen Rippen und endigt unter dem vorigen am Kopf des Humerus und des Proc. coracoid.

2) Deltoideus (Taf. I. 12, Taf. II. 10) geht von der lateralen Hälfte der Clavicula, vom Akromion und Crista scapul. mit dem Pectoralis an den Humerus.

3) Cucullaris (Taf. I. 3) kommt von den Dornen der oberen Halswirbel und allen Rückenwirbeln und dem Fasc. dorsal. und setzt sich an die Crista und Akromion scapulae, jedoch nicht an die Clavicula.

4) Latissimus dorsi (Taf. I. 4 bis II. 15) entspringt von den Dornen des vierten Rückenwirbels an, von der Fasc. lumbodorsalis aller Rücken- und Lendenwirbel, sowie von den letzten Rippen, tritt über den hinteren Wirbel des Schulterblattes und heftet sich mit breiter Sehne an die Spina tuberc. min. Humeri. Aus ihm tritt ferner ein starker Muskelfortsatz, welcher, an der medianen Seite des Humerus herablaufend, an die Spitze des Olekranon geht. Mit den Sehnen des teres hat der Latis. keine Verbindung.

5) Obliquus externus abd. (Taf. I. 7. II. 21, V. 5) beginnt mit der vierten Rippe und der Fasc. lumb. dors. etc. ganz wie beim Menschen.

Die Muskelhüllen der Hinterextremitäten entspringen alle ringsum an den Rändern des Beckens und des Kreuzbeines, ziehen vielfach in ihrer Fascien verbunden über den Oberschenkel herab, heften sich theilweise an diesen und dessen untere Epiphyse, meistens aber an den Unterschenkel, fleischig an und laufen nun fascienartig median und lateral am Unterschenkel bis zu den Condylen desselben herab.

6) Sartorius (Taf. V. 4) kommt von der Spina ant. sup. und infer., heftet sich an die innere Seite der Tibia und verbindet sich mit den Sehnen-Fascien der folgenden Muskeln.

7) Gracilis (Taf. V. 5) kommt von der Symphyse und setzt sich mit dem folgenden an die mediane Seite der Tibia.

8) Semitendinosus (Taf. V. 6) vom Tuber ischii an die mediane Seite der Tibia.

9) Biventer (Taf. V. 15, VI. 5 Fig. 2) kommt mit dem vorigen vereinigt vom Ischium, läuft an dem Femur herab ohne sich mit seinen Muskelfasern an ihn zu befestigen, geht an die Fascie des Knie's und die äussere Seite des Unterschenkels. — Seine hinteren Muskelfasern laufen in eine sehnige Platte aus, welche bis zum Malleolus externus geht.

10) Glutaeus max. und Tensor fasc. latae. (Taf. VII. 3, 4). Die Fascia lumbo dorsalis, über die Lenden herabsteigend, befestigt sich an der Crista, an der Spina anter. super, und von diesen aus eine Falte bildend, an den letzten Dorn des Kreuzbeines. Besonders aus diesem Raume, also von der Crista, der äusseren Fläche des Ilium, und von der inneren Seite des äusseren Blattes, sowie aus der äusseren Seite der aus der Fascia lumbo dorsalis sich fortsetzenden Fascia Glutaea entspringen vereinigt beide Muskeln und steigen frei über den Trochanter major herab. Der vordere Theil heftet sich an einen kleinen Knorren unter und hinter dem Trochanter; die übrige Muskelmasse aber befestigt sich, zwischen Cruralis und Adductor III. herabsteigend, an die hintere unp äussere Fläche des Femur in dessen ganzer Länge bis in die Gegend des Condylus externus. Dieser Muskel wirkt in hohem Grade als Strecker. — Vergleichen wir nun die Hüllenmuskeln des *Lemur* mit denen des *Inuus cynomolgus* etc.

Rücksichtlich des Pectoralis ist keine Verschiedenheit vorhanden. Dagegen finden wir Pectoralis major und minor bei Macacus niger getrennt. Jener bekommt keine Fasern von der Clavicula, entspringt in der ganzen Länge des Brustbeines und geht an den Humerus bis zum zweiten Viertel herab. Dieser dagegen geht von der Fascia des Rectus aus und geht an das Proc. coracoideus und an den Humerus in die Nähe des Gelenkkopfes.

Ganz anderen Verhältnissen begegnen wir bei ***Vulpes***, bei welchem nur ein kleines Schlüsselbeinrudiment in einer Fascia coraco brachialis und den hier zusammen sich vereinigenden Muskeln Cucullares, Deltoideus, Kleidomastoideus und Pectoralis verborgen liegt. Hier sind vier Abtheilungen für den Pectoralis zu unterscheiden. 1) Die oberflächlichste, welche sich ganz wie bei *Lemur* verhält und in die Mitte des Oberarmes geht. 2) Es folgt eine breite, dickere Schicht, welche von dem vorderen Drittel des Brustbeines entspringt und an der Clavicula mit obigen Muskeln verwächst, die Fasc. coraco clavicularis (des Menschen) bei Verbindung der Schulter mit dem Brustbein unterstützt und nun vom Tub. maj. an der Spina desselben bis zum Ellenbogenbug herabläuft. 3) Folgt, bedeckt von dieser, eine Lage, welche von dem ganzen Brustbein entspringt, sich an jene Fascie heftet und nur an den Humeruskopf geht. 4) Endlich entspringt der äusserste schwächste Theil des Pectoralis vom Proc. Xyphoideus, läuft nach vorne, verbindet sich mit dem Latissimus dorsi, sowie dem Cutaneus, schlägt sich wie 1 um den Biceps und geht dann an die sp. tub. majoris in die Mitte des Humerus.

Cucullaris. Auch dieser Muskel zeigt durch mangelhafte Entwickelung des Schlüsselbeines mancherlei Verschiedenheiten von dem des *Lemur*. Diese bestehen darin, dass der Kleidomastoideus an das Schlüsselbeinrudiment geht, und unter dem Cucullaris mit diesem verwächst. Die Fortsetzung der vereinigten Muskelfasern verwachsen als Deltoideus clavicularis mit dem vorderen Theil des Pectoralis und setzen sich tief unten an den Humerus. So findet also eine Trennung zwischen pars clavicularis von der pars scapularis und acromialis des Deltoideus statt, indem ersterer ein Theil des Cucullaris wird.

Latissimus. Auch dieser Muskel zeigt Abweichungen von dem *Lemur*. Es hat nämlich hier der Latissimus auch keine Verbindung mit der Sehne des Teres major, dagegen ist er mit dem Theil des Pectoralis, welcher vom Proc. xyphoideus kommt, verwachsen. Da nun der vorderste Theil des Latissimus median dem Biceps sich ansetzt, dieser hintere aber, welcher mit dem Pectoralis verbunden ist, lateral dem Biceps sich an den Humerus heftet, so bildet die Sehne dieser Muskeln eine Schlinge um den Plexus brachialis und den Musculus Biceps. Der Muskelstrang, der an das Olekranon geht, findet sich hier wie dort.

Die übrigen Hüllenmuskeln betreffend, sind keine bemerkenswerthen Unterschiede in Ansatz, Verlauf und Gestalt zu erwähnen. (Für letztere Muskeln vergleiche man meine Tafeln über die Otter in »Die Robbe und Otter«.)

3. Muskeln zwischen Rumpf und Schulter.

Ausser dem Cucullaris befinden sich noch folgende Muskeln an dem Schulterblatt thätig:

1) Levator scapulae (Taf. I, 10). Ein langer schmaler Muskel, welcher vom Proc. transversus des Atlas entspringt, über den Cucullaris hinweggeht und an der Crista scapulae neben dem Akromion sich anheftet.

2) Rhomboideus dorsi et cervicis (Taf. III, 1, 2). Er entspringt von dem Dorn der vier hinteren Hals- und drei vorderen Rückenwirbel und heftet sich an den dorsalen Rand

der Scapula. An seiner vorderen Seite isolirt sich ein Muskelstreif und verschwindet in der Höhe des Atlas in dem Splenius. Die Fasern verlaufen am Hals nach hinten, am Rücken nach aussen.

3) Serratus anticus major (Taf. III, 4) kommt von den Querfortsätzen des zweiten bis siebenten Halswirbels und von den Seitenflächen der sieben vorderen Rippen. Seine Muskelfasern heften sich oben an die innere Fläche des Schulterblattes unter dem Rhomboideus.

4) Omohyoideus (Taf. II, 6). Von der Basis des Zungenbeines kommend, geht dieser Muskel an den Rand (Winkel) der fossa supra spinata.

Rücksichtlich dieser Muskel ist zu bemerken, dass bei *Vulpes* der Musc. omohyoideus fehlt, der Rhomboideus aber bis an das Hinterhaupt geht.

4. Muskeln der Schulter und des Oberarmes.

(Taf. II, III und IV.)

Bezüglich der Bildungsverhältnisse dieser Muskeln wäre nur Weniges zu bemerken, indem sie fast ganz dem Menschen und den Vierhändern analog gebildet sind. Es gilt dieses sowohl für den Supra- und Infraspinatus, für den Subscapularis, Deltoideus, Biceps, Triceps etc. etc. Nur für den Caracobrachialis ist zu bemerken, dass er am ganzen Humerus bis zum Condylus internus herabläuft und längs dem Lig. intermusculare internum an den Knochen ansitzt, zugleich aber auch mit dem Brachialis internus verwebt ist. Dieser letzte beginnt aber oben am Humerus unter dem Gelenkkopf, der dann muskulös herabsteigend, mit Muskelfasern, die Spitze des Deltoideus umgehend, mit diesem verwachsen ist. Auch setzt sich der lange Kopf des Triceps in breiter Fläche an das Schulterblatt. Endlich rückt der Teres major, in seiner Sehne von der des Latissimus völlig getrennt, an dem Humerus weiter herab.

Auch über die Muskeln des Vorderarmes wäre nur Weniges zu sagen. (Taf. IV. Fig. 3—4, 2—6.) Der Supinator long., welcher seinen Ursprung schon in der Hälfte des Humerus nimmt, und hier mit dem Brachialis oberflächlich verwachsen ist, heftet sich unten an die volare Fläche des Radius. (Taf. IV. Fig. 2—9.) Der Pronator teres ist sehr stark und steigt fast bis zur Handwurzel am Radius herab. Auch ist er, näher seinem Ursprung, mit dem Extensor carpi radialis und dem Flex. quat. dig. profundus verwachsen. (Taf. IV. Fig. 2—10.) Der Palmaris longus auch gut entwickelt. Das Lig. carp. volar. und dessen Fascia ist sehr dick und fest. In letzterem liegt ein Knochenkern, an welchem der Abductor pollicis brevis seinen Ursprung nimmt. — Der Flex. pollicis longus fehlt als selbständiger Muskel, er wird wie bei *Inuus* durch eine vom Flex. quat. dig. prof. abgehende Sehne ersetzt.

Ferner ist zu erwähnen, dass Opponens, Flex. brevis, Adductor obliquus und Transversus pollicis etc. etc. ganz wie bei *Innus* vorhanden sind. Ebenso liegt auf der Randseite ein Extensor dig. V. prop., Extens. indicis, pollicis longus und brevis, Interossei int., externi ganz wie bei dem Menschen.

Gehen wir nun wieder zum Fuchs über, so wäre folgendes zu bemerken. Der Biceps besitzt hier nur einen Kopf. — Supinator longus fehlt und brevis ist sehr verkümmert. Der Extensor carp. radialis ist nur einfach vorhanden, läuft aber in zwei Sehnen aus, welche an den Metacarpus II. und III. ansetzen. Es kommt ein Extensor quat. dig. vom Condylus externus und geht an die zweite bis fünfte Zehe, neben diesem aber liegt der Abduct. digit. lateral; dieser geht an die dritte, vierte und fünfte Zehe. Ein sehr starker Extensor ulneris kommt vom Condylus externus und setzt sich an die äussere Seite des Metacarpus V. Auch ein Abductor pollicis longus kommt vom Radius der Ulna und lig. interosseum, schlägt sich über ersteren und die Sehnen des Ext. rad. und geht an den Metacarpus des Daumens.

An der hinteren Seite des Vorderarmes erscheint eine starke Sehnenhaut, welche vom Olekranon kommend, mit dem lig. carpi volare com. und prop. verwächst und an dem Naviculare und Pisiforme ihren Stützpunkt findet; in diese begiebt sich der Palmaris longus. Der Flex. dig. subl. geht bei seinem Durchtritt eine Verwachsung mit jenen Bändern ein. Von den aus ihm hervortretenden Sehnen für die zweite Phalanx entspringt noch der grosse Sehnenapparat für die Sohlenballen. Ausser dem Flex. carpi ulneris kommt noch ein Muskel vor, welcher von der medianen Seite des Olekranon entspringt, neben jenem liegt und an die Spitze des Pisiforme geht. Sehr stark und kräftig sind die Sehnen für den Flexor dig. profundus, doch nicht minder sein Muskelfleisch. Noch ist der Pronator quadratus zu erwähnen, welcher in der ganzen Länge des Radius und der Ulna mit seinen Fleischfasern angeheftet ist.

5. Rumpfmuskeln.

1) Spinale Muskeln.

a. An der dorsalen Seite der Wirbel.

Extensor dorsi. Zum Verständniss dieser Muskelgruppe ist vor allem nöthig, das Verhältniss der Rückenwirbel zu der Fascia lumbo dorsalis zu betrachten. — Wenn wir vom Kreuzbein ausgehen, finden wir in der Lendengegend beiderseits der Dornfortsätze zwei Furchen. Die mediane, von den Dornen und den steil aufgerichteten Gelenkfortsätzen gebildet, (fulcu medianus lumborum) ist schmal und tief, die laterale (S. lateralis) ist aber weit und wird von den Gelenk- und Querfortsätzen gebildet. Diese beiden Furchen finden ihr Ende an der Vertebra intermedia und zwar an deren frontal liegenden vorderen Gelenkflächen. Von hier aus wird aus diesen beiden Furchen durch Niederliegen der Gelenkfortsätze Eine Furche, welche zwischen den Dornen und den Querfortsätzen über den Rücken nach vorn läuft. Erst an den Halswirbeln entstehen wieder zwei Furchen, ebenso sind an dem Kreuzbein und den sich zunächst anschliessenden Caudalwirbeln wieder zwei Furchen wie bei den Lendenwirbeln. Da nun aber weiter hinten bei diesen zunächst die Dornen schwinden, sehr bald die Gelenkfläche nachfolgen und auch die Querfortsätze verkümmern, so bleibt endlich nichts mehr, als der Wirbelkörper von der Fascia caudalis überzogen übrig.

Hier beginnt also die Fascia caudalis. Indem sie von hier aus nach vorne steigt, ist sie an die verschiedenen Fortsätze angeheftet und sendet Sehnen und Muskelfasern an die Skelettheile. Zwischen den Fortsätzen ziehen nun aber die von oben kommenden oder nach oben aufsteigenden Muskeln hin. An dem Becken angelangt, verbreitert sich die Fascia, geht an das Sitzbein, dann an die Spina post sup., bildet hier mit dem letzten Dorn des Kreuzbeines eine Falte und schreitet weiter an der Crista hin zur sp. ant. sup., worauf sie sich auf die Lenden und den Thorax fortsetzt. Zwischen Hüft- und Kreuzbein steigen nun von den Schwanzwirbeln kommend oder zu diesen hinlaufend die Muskelstränge ganz frei unter der Fascia weg. Hier ist es, wo letztere in zwei Schichten sich theilt. Eine dünne oberflächlichere und eine dicke untere. — Von der ersten entspringt der Glutaeus maximus, der Latissimus etc. Diese ist das hintere Blatt der Fascia lumbodors. der Autoren, die andere, die starke Fortsetzung der Fascia caudalis, ist die Ursprungsstelle des Erector. dorsi. Während erstere, über den Rücken weggehend, eine äussere Hülle bildend, sich an die Tubercul. costarum ansetzt, läuft letztere an den Dornen der Lenden- und Rückenwirbel fort, sendet eine Lage von Bindegeweben an den Dorn- und Gelenkfortsätzen in die Tiefe, und löst sich, endlich sich verschmälert endend, in der vorderen Brustgegend in Muskelfasern auf.

Wenden wir uns jetzt zu den Muskeln selbst, so sehen wir, wie sowohl an Schwanz, Becken und Lenden die Fasern in Stränge getheilt, in jenen Furchen, zwischen Dorn- und Gelenkfortsätzen, sowie zwischen letzteren und den Querfortsätzen, nach vorn zu den Rückenwirbeln laufen.

Der Spinalis entsteht als einfacher Muskelstrang zwischen den Querfortsätzen der oberen Schwanzwirbel. An den letzten Dornfortsatz des Schwanzes gelangt, theilt er sich und läuft in zwei Strängen an den Seiten der Dornfortsätze, begrenzt von den Gelenkfortsätzen, und überdeckt von der Fascia, bis zu den hinteren Rückenwirbeln. Die Muskelfasern laufen von der Seitenwand des Proc. obliq. an die Dornen. Zugleich kommen in diesem ganzen Bereich kurze Fleischfasern von der Fasc. lumbo dorsalis und gehen, steil absteigend, an die Knochen. In der Gegend des zweiten bis dritten Rückenwirbels entspringen von dem letzten steil gestellten Gelenkfortsatz Sehnenfasern, deren Muskelfleisch in langen Zügen an die Seite der Dornen bis zu den vordersten Rückendornen sich ansetzt. In der vorderen Rückengegend, woselbst die Gelenkfortsätze flach liegen, entspringen die Muskelfasern, an der Oberfläche lang gestreckt, in der Tiefe jedoch kürzer und steiler ansteigend, von den horizontal liegenden Gelenkfortsätzen, sowie von der inneren Seite der Querfortsätze des Rückens und setzen sich an die Dornen.

Der Longissimus dorsi entspringt hinten an den letzten Querfortsätzen der Schwanzwirbel und läuft, sich vergrössernd, zwischen den später aufstrebenden Gelenkfortsätzen und den Querfortsätzen hin. In die Beckenregion eingetreten, zeigt er sich als ein dicker, runder Muskelstrang, der in die Lenden sich fortsetzt. Während dieser platte, runde Muskelkörper frei unter der über ihm liegenden festen Fascie fortläuft und daher von dieser gar keine Fasern erhält, giebt er an die Seite der, durch Bindesubstanz verbundenen Wand zwischen den Gelenkfortsätzen, Muskelfasern in der ganzen Lendenregion ab. An der lateralen Seite der Fasc. dorsalis aber, also an der Fascienschicht, die von den Querfortsätzen kommt, treten Massen von Muskelfasern auf. Diese steigen median und nach vorn, verbinden sich mit den lateral abtretenden Fasern jenes Muskelkörpers, bilden mit ihnen Sehnen, welche an jeden vorderen Gelenkfortsatz der Lendenwirbel (bis zum zweitletzten Rückenwirbel) sich anheften. Ausser jener lateralen Fascienwand treten aber auch Muskelfasern, die abwärts zu den Querfortsätzen und der diese unter einander verbindenden Fascie gehen. Im Bereiche der Rückenwirbel hat sich durch das Niederlegen der Gelenkfortsätze das Verhältniss geändert. Jetzt gehen nur noch Fleischfasern von der oberen äusseren Fläche an die Tubercula der Rippen, von der inneren unteren Fläche gehen sie an die Querfortsätze.

Lumbocostalis. Dieser entspringt mit seinen Fasern nur von der äusseren Oberfläche der Fascia lumbalis. Sehnenfasern steigen voran und gehen, getrennt vom Longissimus, über die Rippen in typischer Weise.

Rücksichtlich der Muskeln am Nacken ist nichts Besonderes zu bemerken. Splenius capitis (Taf. III, 3) kommt von den Dornen aller Halswirbel und einiger Rückenwirbel und geht an die Crista occipitis in ganzer Breite. Neben ihm liegt Splenius colli (Taf. I, 9), welcher von den Dornen der vier vorderen Brustwirbel kommt und an die Querfortsätze des Halses bis zu dem des zweiten geht. Median vom Longissimus ist der Transversalis cervicis, welcher von den

Querfortsätzen des vierten bis fünften Brustwirbels ausgeht aber mehrfach mit dem Splenius colli verwachsen ist. Neben diesem nun ist median gelagert der Trageloınastoideus und der kräftige Complexus, welcher letztere von den Querfortsätzen der fünf ersten Brustwirbel zu den Gelenkfortsätzen der Halswirbel und an die Crista occipitis geht. Recti und Obliqui capitis zeigen ihre typischen Verhältnisse.

Für den Fuchs dürfte nur zu bemerken sein, dass ein sehr starkes Lig. nuchae, welches bei den Katzenarten gänzlich fehlt, hier sich findet. Es läuft vom Dornfortsatz des ersten Brustwirbels zum Dorn der Epistrophaeus. An dieses Ligament heftet sich, verdeckt vom Complexus seitlich der an die Querfortsätze des Halses (bis dritten Halswirbel) sich ansetzenden starken Sehnen des Longissimus (Transversalis) die von den Dornen sowie von den Gelenkfortsätzen entspringenden letzten Muskelfasern des Spinalis.

Die Muskeln am Schwanz

zeigen folgende Verhältnisse. Die Fascia lumbo dorsalis, welche sich über die Dorsalseite des Beckens fortsetzt, ist besonders fest an den Dornen des Kreuzbeins und an dem Hüftbein befestigt. Von der Spina post. super. springt sie in starker Längsfalte auf die Querfortsätze des Schwanzes und breitet sich nun weiter über die obere und untere Seite des Schwanzes aus. Hier zeigen sich folgende Gruppen.

1) Ein Zug von Muskelfasern setzt sich als Fortsetzung von Spinalis zwischen den, wie oben erwähnt, schon sehr bald endigenden Dornfortsätzen und den Querfortsätzen fort.

2) Mit dem Longissimus dorsi zusammenhängende Muskelfasern laufen zwischen Gelenk- und Querfortsätzen nach hinten und senden, ausser Fleischfasern an die Querfortsätze, starke Sehnen nach hinten, welche dann mehr und mehr, in medianer Richtung laufend, sich an die hinteren Gelenkfortsätze anheften.

   Die beiden Muskelgruppen flectiren den Schwanz dorsalwärts.

3) Die vorigen Muskeln waren von der Fascia eingehüllt und ihr Muskelfleisch entsprang theilweise von ihrer inneren Seite. Diese dritte Abtheilung entspringt jedoch in der Gegend des Sitzbeines von der äusseren Seite der Fascia und ihre Muskelfasern verlieren sich an den Querfortsätzen des Schwanzes. Sie ziehen den Schwanz lateral und abwärts.

b) Muskeln der ventralen Seite der Wirbel.

4) Kommen aus dem Innern des Beckens von den Kreuzbeinwirbeln und deren Querfortsätzen vom Scham- und Sitzbein Muskelfasern, welche, in zwei symmetrisch liegenden

Bündeln, den Anus zwischen sich lassend, an die untere Seite der Schwanzwirbel und deren Dorne sich ansetzen und den Schwanz nach unten und der Seite bewegen.

Ferner ist hier noch der Psoas minor zu erwähnen, welcher von den zwei letzten Rücken- und von allen Lendenwirbeln entspringt und sich an die Tub. ilio-pectinea heftet. Ebenso Ilio lumbalis, welcher hier jedoch sehr schwach. Zu diesen Muskeln wäre nur zu bemerken, dass der Psoas minor beim Fuchs stark und nicht von den zwei, sondern von vier untersten Rückenwirbeln entspringt.

Auch die an der ventralen Seite des Halses liegenden Muskeln, der Rectus antic major, Logus colli etc. haben ihre typischen Verhältnisse. Dieser letzte kommt vom fünften Brustwirbel herauf.

2) Viscerale Muskeln.

Auch bei den visceralen Muskeln des *Lemur* kann ich kaum, in Betreff der Lagerung und der Ansätze dieser Muskeln bei den Affen oder dem Menschen, eine Abweichung finden. So ist es mit Temporalis (Taf. I, 1), Masseter (Taf. I, 2), Pterygoideus und Biventer etc. (Taf. II, 4); Sternokleidomastoideus (Taf. II, 9) entspringt breit von dem Sternaltheil der Clavicula und von der Spitze des Brustbeins und setzt sich hinter das Tympanum an die Ecke der Linea semicircul. occipitis. — Bei dem Fuchs sind beide Muskeln getrennt. — Bei ihm ist, wie schon bemerkt, der Kleidomastoideus mit dem Cucullaris und Deltoideus verwachsen, der Sternomastoideus aber vom Sternum aufwärts eine Strecke weit mit dem der andern Seite.

Subclavius (Taf. II, 17) ist ein sehr starker Muskel. Er geht von der ersten Rippe zur unteren Fläche der Clavicula. Natürlich fehlt er dem Fuchs.

Scalenus minor ist ein breiter, starker Muskel, welcher von der ersten Rippe entspringt und an die Querfortsätze der sechs unteren Halswirbel geht. (Zwischen diesen und dem folgenden Muskel tritt der Plexus brachialis hervor.)

Scalenus major (Taf. II, 19) ist oben mit dem minor verwachsen und steigt als schlanker Muskel an der Seite des Thorax lateral vom Rectus bis zur vierten Rippe herab.

Die Intercostales, Sternohyoideus (Taf. II, 7) und Sternothyrioideus (Tf. II, 8), Stylo pharingeus, Hyo-, Stylo- und Genioglossus (Taf. II, 3), sowie die Bauchmuskeln Obliquus externus (Taf. II, 21), internus und transversus zeigen gar nichts Eigenthümliches. Nur vom Rectus (Taf. II, 18) ist zu erwähnen, dass er sehr stark an der ersten Rippe entspringt und zur Symphyse geht.

6. Muskeln der Hinterextremität.

a) Zwischen Becken und Oberschenkel.

Glutaeus medius. Von der äusseren Fläche des Hüftbeines und von der äusseren Fläche der Fascia, welche von den Querfortsätzen der Schwanzwirbel zur Spina superior post. eine Falte bildet, entspringend, heftet sich mit starker Sehne an den Trochanter major.

Unter ihm liegt der Glutaeus minimus und Pyriformis, welch letzterer verhältnissmässig sehr stark ist, an den typischen Ansatzstellen sich befestigend. Der Pyriformis abducirt den Schenkel. Glutaeus min. aber, der sich vorn an den Trochanter ansetzt, rotirt den Schenkel nach Aussen und vorne.

Ebenso zeigen der Quadratus femoris, der Obturator internus und externus die typischen Ansatzstellen. Der erste rotirt den Schenkel nach hinten, der O. externus rotirt ihn nach innen und vorn und der O. internus rotirt ihn nach aussen. Alle diese Muskeln dienen wie überall zur Verstärkung des Hüftgelenkes.

Gehen wir von dem Glutaeus aus auf der hinteren Seite des Beckens von Aussen nach Innen und Vorne, so begegnen wir zunächst der Gruppe der Adductoren.

1) Adductor III (Taf. VII, Fig. 2—4) ist ein breiter, starker Muskel, welcher die hintere und obere Hälfte des Femur einnimmt und sich an der Linea aspera median dem Glutaeus maximus ansetzt. Er entspringt neben dem Tuber. ischii und dem aufsteigenden Aste desselben bis zum Schambein. — Dieser Muskel ist vorherrschend ein Strecker des Hüftgelenkes.

2) Adductor II (Taf. VII, Fig. I, 3 und Fig. II, 5) median dem vorigen. Er entspringt an dem absteigenden Schambeinast. Er steigt, median dem vorigen, weit am Schenkel herab, woselbst er unter und neben jenem zwei Centimeter über dem Condylus endet. Er ist wohl vorherrschend Adductor.

3) Adductor I (Taf. VII, Fig. I, 2, und Fig. II, 6) liegt wieder median vor dem vorigen. Er entspringt vom Winkel des aufsteigenden und horizontalen Schambeines und heftet sich in die Mitte der Diaphyse des Femur.

4) Pectinaeus (Taf. VII, Fig. I, 1) liegt vor jenem, ihn theilweise bedeckend, neben dem Iliopsoas. Er ist ziemlich stark und heftet sich an die Linea aspera interna im oberen Drittel des Femur.

Die letzten beiden Muskeln adduciren und beugen das Hüftgelenk.

Iliopsoas (Taf. VII, Fig. I, 8), von dem Hüftbein und den vier hinteren Lendenwirbeln kommend, ist ein sehr starker Muskel und nimmt seinen Ansatz am Trochanter minor. Man sagt gewöhnlich, der beugt das Hüftgelenk. Aber er wird auch beim Sprung durch Erlangen einer festen Basis für die Rückenstrecker die Lendenwirbel auf einander pressen.

Psoas minor (Taf. VI, Fig. I, 7). Kommt von den sieben Lendenwirbeln und heftet sich an die Tuberositas Iliopectinea. Er drückt Becken- und Lendenwirbel zusammen.

Semimenbranosus (Taf. V, Fig. 3). Vom Sitzbein und dem absteigenden Schambein kommend, setzt sich an die Epiphyse der Tibia unter dem Kniegelenk. Er biegt und rotirt den Unterschenkel.

Quatriceps (Taf. VII, Fig. I, 4—6) ist ganz wie bei dem Menschen.

b) Muskeln am Unterschenkel.

(Taf. VII, Fig. 2. Taf. VIII, Fig 2.)

Gastrocnemii setzten sich über die Condylen des Oberschenkels, woselbst Sehnenbeine liegen.

Soleus (Taf. VIII, Fig. 2), mit einer langen Sehne nach oben steigend, heftet sich an die Fibula.

Plantaris ist mit dem lateralen Kopf des Gastrocnemius verwachsen und verläuft über die Fersengegend in die Fascia plantaris (wie bei dem Mandrill).

Tibialis anticus (Taf. VIII, Fig. 1) entspringt von der Tibia (³/₄ der Länge), vom Lig. interosseum, aber auch von Fascia cruris und endigt mit zwei Sehnen, von welchen die stärkere an das Os cuneiforme I. und die kleinere (Abduct. Hallucis long.) an den Metatarsus Hallucis sich anheftet. Er beugt den medianen Fussrand gegen die Tibia.

Extensor Hallucis longus (Taf. VIII, Fig. 1) von Tibia und Fibula und dem Lig. interosseum; er liegt durch den vorigen verdeckt und geht mit der Sehne jenes unter dem Lig. cruciatum an die zweite Phalanx.

Extensor quatuor. digitor. (Taf. VIII, Fig. 2) verhält sich wie bei dem Menschen.

Peronaeus longus (Taf. VIII, Fig. 1) verwachsen in seinen Fleischfasern mit dem Peronaeus II. und dem Ext. quat. dig. Er entspringt, oben von der Fibula und dem oberen äusseren Ende der Tibia, wird in seiner halben Länge sehnig, geht um den unteren Condylus der Fibula herum durch die Rinne im Cuboideum in die Planta und heftet sich an den hakenförmigen Gelenkfortsatz des Metatarsus Hallucis. Er ist Flexor und Opponens.

Peronaeus II. (Taf. VIII, Fig. 2). Auch ganz wie bei dem Menschen.

Flex. quat. digit. longus (Taf. VIII, Fig. 2). Ist im Muskelfleisch mit dem Popliteus verschmolzen und giebt, ehe er sich in die Sehnen für die Zehen theilt und nachdem er sich mit den Sehnen des Flex. Hallucis verbunden hat, zwei Muskelansätze, als Flex. brevis, an die zweite Phalanx der dritten und vierten Zehe. Seine vier Sehnen gehen an das dritte Glied und die aus letzterem entspringenden Lumbricales an die Grundphalanx.

Flex. Hallucis longus (Taf. VIII, Fig. 2). Entspringt von der Fibula fast in ganzer Länge und geht an das zweite Glied des Hallux. Der grössere Theil seiner Sehne verbindet sich mit der Sehne des Flex. quat. dig.

Tibialis post. (Taf. VIII, Fig. 2) liegt mit seinem Muskelkörper ganz wie bei dem Menschen zwischen beiden vorhergehenden, tritt aber mit seiner Sehne median der Sehne des Flex. quat. dig. in die Fusssohle und setzt sich an die untere Seite des Cuneiforme.

c) Muskeln am Fuss.

Flex. quat. dig. brevis (Taf. VIII, Fig. II, 7). Ursprung von der Calx und giebt einen Fleischfortsatz an den Adduct. Hallucis brevis und an das zweite Glied der zweiten und fünften Zehe, während die dritte und vierte von dem Flex. long. versorgt werden.

Extensor digit. brevis (Taf. VIII, Fig. I, 8) geht an der lateralen Seite der Sehnen des Extens. longus, an die zweite, dritte und vierte Zehe.

Abductor Hallucis brevis (Taf. VIII, Fig. II). Entspringt von der Ferse und mit einer zweiten Portion von dem Cuneiforme und ist mit dem Flex. brevis quatur digit. verwachsen. Er setzt sich an das mediane Sehnenbein und an den Phl. I. — Flex. brevis aber an das laterale.

Adductor brevis Hallucis (Taf. VIII, Fig. I und II). Obliquus und Transversus sind nicht zu trennen. Er kommt von der tiefen Fascia der Planta, sowie von der Basis bis zur oberen Hälfte des Metatarsus III., sowie von dem Köpfchen des Metatarsus II. Er setzt sich an den Metatarsus des lateralen Sehnenbeines und die Phl. I. und II. des Hallux. Er flectirt und adducirt.

Interossei (Taf. VIII, Fig. II, 8). Es sind externi und interni. Erstere abduciren von der Axe des Mittelfingers aus. Der Mittelfinger hat zwei externi wie bei den Anthropoiden.

Vergleichen wir nun die Muskeln der Hinterextremität beim *Lemur* mit denen des *Inuus cynomolgus* und *Maccus niger*, so ist nur Weniges zu bemerken. *Inuus* besitzt eine Caro quadrata, welche dem *Lemur* fehlt. Auch bei diesen beiden Affen hat der Tibialis anticus zwei Sehnen, von denen die stärkere an das Cuneiforme I., die schwächere an den Metatarsus I.

geht. Erstere supinirt den Fuss, letztere hebt und abducirt den Hallux. Für den *Innus* wäre noch weiter zu bemerken, dass der Plantaris in die Fascia plantaris übergeht.

Anders ist es freilich bei den Caninen; hier bilden die Muskeln in der Planta durch vielfache Verschmelzung ihrer Sehnen wirkliche Platten, bei welcher Bildung der Flex. quat. digitor. der Tibialis post., Flex. dig. brevis, sowie der Plantaris sich betheiligen. Dieser letzte übersteigt die Calx. Ein Flex. Hallucis, sowie ein Extensor fehlen natürlich. Dagegen scheint eine Andeutung von einem Extensor Hallucis vorzukommen, welcher, gemeinsam mit dem Extensor quat. digit. mit den Sehnen des Extensor brevis verwächst. Noch wäre zu erwähnen, dass bei dem Fuchs der Poplitaeus sehr stark ist und der Peronaeus III. fehlt.

Auch einiges über den lebenden Lemur.

Nachdem wir den Knochen- und Muskelbau des *Lemur macaco* betrachtet, ist es nöthig, von der Lebensweise desselben einiges zu erfahren.

Der Direktor des Zoologischen Gartens, Herr Dr. Max Schmidt, schreibt (Zoologischer Garten, Jahrgang XVII pag. 49): Der schwarz-weisse Maki ist ruhigen, fast phlegmatischen Temperamentes; er sitzt in der Regel Vormittags, den Kopf auf die Brust gesenkt, den Schwanz von vorn über Schulter und Rücken geschlagen, stundenlang unbeweglich auf seinem Laufbrett. — Gegen Mittag beginnt er etwas unruhig zu werden, richtet sich schliesslich auf, gähnt wohl einmal und streckt fast regelmässig einen Hinterfuss nach dem andern behaglich aus.

Nun geht er auf dem Laufbrett hin und her und scheint zu überlegen, wie er wohl auf den Boden herabgelangen könne: er misst die Entfernung bis zum nächsten Aste mit prüfendem Blicke, duckt sich wie eine Katze einigemal zum Sprung nieder und wagt schliesslich auf den Baum zu springen. Hier wiederholt sich dasselbe Spiel: es wird der richtige Platz zum Sprunge gesucht, nach einigem Probieren auch gefunden und endlich, nach ziemlich schwerem Entschluss, der Boden erreicht. Hierbei ist nur auffallend, dass dieser Weg von dem Thiere seit mehreren Monaten und ganz gleichen Aeusserungen des Suchens und der Ungewissheit zurückgelegt wird. — Der Gang auf dem Boden ist humpelnd, breitspurig und schwer, indem auf das Thier beim Niedersetzen der Füsse stets mit dem ganzen Gewicht des Körpers sich die betreffende Extremität fallen lässt.

Der Gang des *Mongoz* ist weit elastsicher, als der des *Macaco*. Zuweilen macht der übermüthige Bursche einen Katzenbuckel, springt auf allen Vieren hoch empor, womöglich einem Kameraden auf den Rücken, worauf er in mächtigen Sätzen und mit solcher Geschwindigkeit im Käfig umherfährt, dass das Auge ihm fast nicht mehr zu folgen vermag. — Aehnliche Schilderungen macht Buffon vom *Vari* im siebten Bande seiner Allgemeinen Naturgeschichte. — Doch auch über das Thier in der Freiheit noch Einiges. Brehm schreibt in seinem Thierleben Bnd. I. pag. 247: Erst durch Pollen's treffliche Beobachtungen haben wir ein ausführliches Bild über die frei lebenden Maki's erhalten. Alle Arten bewohnen die Waldungen von Madagascar und der Nachbarlande, am Tage im tiefsten Dickicht der Waldungen sich aufhaltend, Nachts unter lebhaften Bewegungen und lautem Geschrei ihrer Nahrung nachgehend. — Die Thiere leben in Banden von 6—12 Stück in den Urwaldungen der Insel, hauptsächlich von den Früchten wilder Dattelbäume sich nährend und ihnen zu Liebe von einem Theile des Waldes zum andern wandernd. Kaum ist die Sonne niedergegangen, so vernimmt man ihr klägliches Geschrei. Ihre Bewegungen sind ausserordentlich leicht, behend und gewandt. Einmal munter geworden, durchfliegen sie förmlich die Baumkronen und führen dabei von einem Zweige zum andern Sätze von überraschender Weite aus. — Die Schnelligkeit und Beweglichkeit, welche diese Maki's *(Lemur macaco)* beim Springen von einem Stamm zum andern zeigen, grenzt an's Unglaubliche. Man kann ihnen buchstäblich kaum mit dem Auge folgen, und es ist viel leichter, einen Vogel im Fluge als sie im Sprunge zu erlegen.

B. Choloepus didactylus Knochen und Muskeln und Einiges über das lebende Thier.

Knochengerüst.

Die Faulthiere mahnen unwillkürlich an die Vierhänder und Manche dachten an verwandtschaftliche Verhältnisse. Veranlassung hierfür giebt das kurze Gesicht, die nach vorn gerichteten Augen, eine scheinbar breite Stirnbildung, ja selbst Lebensweise und manche ähnlichen Familienverhältnisse. Trotzdem stehen Faulthiere und Vierhänder himmelweit aus einander.

1. Der Schädel.

Taf. XXII.

Choloepus hat einen langgezogenen Schädel, dessen von vorn und hinten aufsteigende Höhe in die Gegend der Jochbeinfortsätze des Stirnbeines fällt. Die Nähte sind früh verwachsen.

Das Stirnbein ist sehr lang, die Scheitelbeine kurz, die Schläfengegend etwas gewölbt. Die Crista semicircularis, für den Temporalis, und die Crista transversa occipitis ist sehr ausgeprägt. Die Fossa sphaenomaxillaris ist weit offen. Letztere, sowie for. opticum, fissura orbitalis, for. rotundum, ovale etc. etc. ganz wie bei den Raubthieren.

Das Gesicht ist kurz, vorn breit und zeigt eine stumpfe Schnauze und 'aus einander gerückte Augen, ohne geschlossene Orbita und ohne eine hintere Wand. Die Jochbogen, welche nach hinten nur durch einen fibrösen Strang mit dem proc. zygomaticus des Schläfebeines verbunden sind und denen die proc. front. ganz fehlen, zeigen dagegen einen starken Knochenfortsatz, der an der Wange herabsteigt. Die Nasenhöhle mit ihrer vorderen Oeffnung ist weit und der Oberkiefer gross. Derselbe trägt einen grossen scharfkantigen und spitzen Eckzahn und vier aussen und innen mit Spitzen versehene, runde Backenzähne. Auch der Unterkiefer hat einen dreiseitigen, scharf zugespitzten Eckzahn. Dieser spielt hinter dem Eckzahn des Oberkiefers. Es finden sich drei Backzähne im Unterkiefer, welche in der Mitte eine, den oberen Backenzähnen entsprechende, runde Grube, aber scharf nach vorn in eine Spitze aufsteigende Ränder haben. — Die Gelenkfläche des Unterkiefers liegt (frontal) zwischen den grossen sichelförmig nach hinten gebogenen Kronfortsätzen und dem nach hinten hervortretenden Winkel. Zwischen den Eckzähnen, woselbst gleich wie am Oberkiefer Schneidezähne fehlen, endigt der Kiefer in einer schnabelartigen, zahnlosen Spitze.

Noch sind aber die sinusartigen Zellenräume zu erwähnen, welche Schädel und Gesicht durchziehen. Diese beginnen in der Mitte der Nasenbeine, steigen über das Stirnbein, erstrecken sich gross und weit über das Schädeldach bis in das Hinterhaupt. Sie finden sich in den vorderen und hinteren Wurzeln der Jochbogen, durchbohren die ganze Schädelbasis von den Keilbeinhöhlen an, durch die flügelförmigen Fortsätze bis zum Hinterhauptsloch.

Betrachten wir dagegen den Schädel des *Bradypus tridactylus*, so ist dieser im Allgemeinen ebenso gebaut, nur ist er kleiner, das Gesicht kürzer, erhebt sich bis zu der stark eingezogenen Schläfengrube. Von hier fällt das mehr lang gezogene Cranium nach hinten abwärts. Der Jochbogen wie bei *Choloepus*. — Auch der Unterkiefer ist kürzer, allein der Kronenfortsatz und der Unterkieferwinkel sind weit mehr entwickelt, der schnabelartige, nach vorn endigende Unterkiefer fehlt. Endlich sind noch die verkümmerten Zähne (oben fünf und unten vier in jeder Reihe) zu erwähnen. Dagegen fehlen die grossen Eckzähne des *Choloepus*.

2. Rumpf.

Tafel XIII und XV.

Wie der Schädel, so zeigt auch die Wirbelsäule und der Thorax grosse Verschiedenheit vom *Bradypus*. Freilich bezieht sich diese mehr auf die Zahl, als auf die Form der Theile, denn während *Bradypus tridactylus* neun Halswirbel, zeigt *Choloepus* nur sechs. Dagegen hat der erste vierzehn Rückenwirbel, während *Choloepus* drei und zwanzig besitzt. Dieser letzte hat drei Lendenwirbel, jener aber vier. Ferner besitzt *Choloepus* acht Kreuzbein- und vier Steissbeinwirbel, umgekehrt hat *Bradypus* sechs Kreuzbein- und neun Steissbeinwirbel.

Was die Halswirbel betrifft, so wäre hier nur zu erwähnen, dass sowohl die Dornals auch die Querfortsätze im Gegensatz zum *Bradypus* stärker entwickelt sind und dass eine unvollkommene Rippe am letzten Halswirbel nicht vorhanden ist. An den Rückenwirbeln finden wir die sechs oberen mit gut gebildeten Dornfortsätzen versehen, während die neun folgenden Wirbel immer kleinere Dornen besitzen. Alle laufen nach hinten (der Beckenseite) stumpf aus. Die Querfortsätze sind wohl gut entwickelt, sind aber nicht mehr vortretend als die Dornen. Dass demnach die sulc. longdt. dorsi zu beiden Seiten der Dornen dem Extensor dorsi keine günstige Lagerstelle bereiten, ist denkbar. Die drei Lendenwirbelkörper sind kaum höher als die hinteren Rückenwirbel, ihre Dornen aber nicht grösser. Auch richten sie sich nach hinten und sind an der Spitze gespalten. Die Querfortsätze stehen flügelartig zur Seite.

Rücksichtlich der Gelenkfortsätze ist zu bemerken, dass deren Flächen und selbst die der Lendenwirbel mehr frontal, nach hinten etwas ansteigend gelagert sind. Nur in dem letzten zeigt sich eine Neigung zu einer sagittalen Stellung. Ebenso ist es zwischen dem letzten Lendenwirbel und dem Kreuzbein.

Die Höhe der Wirbelkörper betreffend, so ist der erste Brustwirbelkörper 5 mm hoch, der dreizehnte aber 8 mm und der letzte 12 mm. Ebenso hoch sind die Lendenwirbel. Die Bandscheiben sind zwischen erstem und zweitem Lendenwirbel 2 mm, am dritten Wirbel 5 mm, am zehnten Rückenwirbel 4 mm. Das Lig. longitud. anticum ist ganz besonders stark.

Rippen. Die Zahl der Rippen entspricht den 23 Brustwirbeln. Es sind 11 wahre und 12 falsche Rippen. Die erste Rippe heftet sich an das grosse Manubrium. Die zweite bis zur sechsten Rippe entbehren der Rippenknorpel, sie heften sich direct an die Knorpelfugen des Brustbeines. Erst von der siebten bis zur elften Rippe finden sich Rippenknorpel, jedoch verknöchert. Die siebte Rippe läuft horizontal gegen das Brustbein, achte und neunte steigt in ihrem schon verlängerten Knorpel aufwärts. Die zehnte und elfte Rippe hat jedoch Knorpel, welche aus zwei Stucken bestehen, mit nach aufwärts eingeknickten Rippenknorpeln. Die nächsten Rippen (bis zur fünfzehnten) kann man, da sie ohne Knorpel an den vorhergehenden anliegen, falsche Rippen nennen. Die übrigen Rippen haben kurze Knorpelansätze, welche sich im Fleisch verlieren. Die zwei letzten Rippen, denen auch diese fehlen, verbinden sich nur mit einem Wirbelkörper und neigen so stark nach hinten, dass sie mit ihrer Spitze nur sehr wenig von der Crista ilii abstehen. Noch sei bemerkt, dass die elfte Rippe die längste ist. Von hier an nach hinten werden sie immer kürzer und von der vierzehnten an immer breiter.

Das Brustbein ist sehr schmal und wird zusammen gesetzt aus zwölf 6 bis 8 mm langen und 5 mm breiten Knochenkernen, welche durch Zwischenknorpel verbunden sind. Nur an letztere heften sich die wahren Rippen, ausgenommen die erste, welche an das 2 cm enge und 1½ cm breite Manubrium geheftet ist. Das Brustbein ist zwischen der ersten und zehnten Rippe gegen den Brustraum convex gebogen. Die Sehne dieses Bogens beträgt 40 mm, während die Länge des Sternums 135 mm beträgt. Durch die in dem oberen Thoraxtheil mangelnden Rippenknorpel ist der Brustkorb hier verengt, so dass der Brustraum zwischen den vierten Rippen nur sechs cm breit und tief ist, während er bei der zehnten und zwölften Rippe, wo die Rippenknorpel vorhanden, zwölf cm breit und elf cm tief ist.

Das Becken (Taf. XXIII.) scheint mit dem Schädel das Eigenthümliche zu haben, dass die Knochennähte und die Bandverbindungen frühzeitig verwachsen. Uebrigens ist das Becken von *Choloepus* gleich dem des *Bradypus* gebildet. — Das Kreuzbein ist in seinem oberen Theile sehr breit, wird jedoch unten, wo es zwischen die Incisura ischiatica tritt, sehr schmal, dann aber durch die Verknöcherungen des Spinoso und Tuberoso sacrum wieder sehr breit.

NB. Bei einem jugendlichen Individuum, welches ich der Gefälligkeit meines Collegen O. Bütschli verdanke, waren diese Bänder als solche noch vorhanden. Ebenso befanden sich die Knochen am Schädel sowie am Becken noch getrennt.

Das Kreuzbein hat statt einzelner Dornen eine senkrecht aufsteigende breite Leiste. Eben solche findet sich an der Stelle der hier verwachsenen Symphysis sacroiliaca. Es ist vollkommen gerade und zeigt keine Spur einer Krümmung. Der horizontale Ast des Schambeines ist in langer Strecke zur Tuberositas ilio pectinea ausgezogen und statt einer Symphyse läuft eine breite Knochenbrücke von einer zur anderen Seite. Der absteigende Ast des Schambeines zum Sitzbein ist gleichfalls sehr ausgezogen. Das Tuber. ist nicht sehr entwickelt, aber durch Verknöchern der Lig. tub. und spin. sacra mit dem Kreuzbein durch eine Knochenbrücke verbunden. Durch diese Verbindung entsteht ein Foramen ischiadicum statt einer Icisura, welche in einem Winkel zu dem sehr grossen Foramen obturatorium steht. In der Mitte zwischen beiden liegt das Acetabulum.

Die Hüftbeine endlich sind fast eben und liegen an der Seite des Kreuzbeines in frontaler Richtung wie ausgebreitete Flügel. — Dass das breite und gerade verlaufende Kreuzbein, sowie das seitlich lang ausgezogene Schambein und die breite Symphyse die Dimensionen des Beckens sehr erweitern, ist zu erwarten.

NB. Die Entfernung beider Spin. ant. sup. von einander beträgt 111 mm, die der Pfanne 103 mm, der Sitzknorren 60 und des vorderen Endes des Schambeines (Symphyse) 30 mm.

Bewegungsthätigkeit im Rumpf.

Bei dieser grossen Anzahl von Wirbeln und diesen entsprechenden Zwischenplatten, bei frontaler Lagerung der Gelenke, endlich bei den zahlreichen Knochenkernen und Knorpelstücken im Brustbein ist die Bewegungsfähigkeit im Rumpf keine geringe. Neben der Rotation ist es die ventrale Beugung, welche sehr ausgiebig ist, während eine dorsale Beugung nur in der kurzen Lendenstrecke, in den hinteren 6—8 Rippen sowie in den Halswirbeln vorkommt. Die Torsion in den Brustwirbeln ist nun aber so gross, dass sie ohne Mühe zwischen dem ersten

Brust- und letzten Lendenwirbel auf 180 Grade gebracht werden kann. Die ventrale Beugung ist eben so bedeutend, daher sie den Kopf in das weite Becken zu legen gestattet und so ein vollkommener Bogen gebildet wird. Die stärkste Beugung ist dann zwischen Atlas und dem sechsten Rückenwirbel, vom siebten bis dreizehnten Wirbel ist sie aber kaum merklich; dann steigt sie bis zum letzten Rückenwirbel, in den Lendenwirbeln aber fehlt sie wieder. Die Beugung zwischen dem ersten Rücken- und letzten Lendenwirbel zeigt in der Gegend des fünfzehnten Rückenwirbels eine Pfeilhöhe von 160 mm und eine ebenso grosse Sehne, während doch die ganze Entfernung bei gestreckter Lage im frischen Zustande 400 mm beträgt. Eine laterale Beugung kommt sehr ausgiebig in den Hals- und in den Brustwirbeln vor. Sie zeigt zwischen Atlas und Becken einen sehr schönen Bogen, dessen Sehne 24 cm und dessen Pfeilhöhe in der Gegend der dreizehnten Rippe 140 mm beträgt. — Die Beugung und Streckung zwischen Kopf und Atlas beträgt 90°. In der Streckung steht der Kopf mit seiner Längsaxe in der der Wirbelsäule. Die Rotation zwischen Atlas und Epistrophaeus beträgt kaum 40°.

Die Bewegung der sieben bis acht oberen Rippen geschieht ohne jede Ausdehnung nach der Seite, welche durch die hier vorhandene Knorpelhaft verhindert wird, nur in einer sagittalen Excursion. Von der neunten Rippe aber an, mit welcher das Vorwärtssteigen der Rippenknorpel eintritt, beginnt auch, mit ersterer Bewegung combinirt, eine Ausdehnung des Thorax nach der Seite. Ebenso in den folgenden hinteren Rippen.

3. Schultergürtel und Vorderextremität.

Tafel XIX, XX, XXI.

Das Schlüsselbein ist halbmondförmig gebogen, oben abgerundet, unten aber flach und uneben. Das Brustbeinende ist knopfförmig angeschwollen und durch ein längeres Knorpelband mit dem Brustbein verbunden. Auch das Schulterblattende ist angeschwollen, hat eine ebene Gelenkfläche und begegnet einer eben solchen Fläche am Akromion. Das Schlüsselbein ist sehr beweglich, namentlich an dem Brustbein, wo die lange Knorpelhaft fast ein freies Gelenk darbietet. Am Akromialende ist ein Rotationsgelenk neben Charnierbewegung.

Schulterblatt. Dieses Akromion erscheint als ein viereckig, längliches Knochenstück und ist durch Bandmasse mit dem zu einer Knochenbrücke vereinigten oberen Rand und der Crista scapulae beweglich vereinigt. An ihrem oberen Ende verbindet sich nämlich die Crista mit dem seitlich verlängerten und nach vorn gebogenen oberen Rand der Fossa supra spinata, eine Bildung, die auch beim *Megatherium* und *Bradypus* zu finden ist. Schräg läuft nun die Crista über das längs der Wirbelsäule verlängerte Schulterblatt herab und endet am unteren Drittel des dorsalen Randes. Ausser dieser schiefen Stellung der Crista auf der Schulterblattfläche unterscheidet sich *Choloepus* noch dadurch vom Orang, dass statt des oberen Winkels der Rand der Fossa supra spinata bogenförmig vorläuft und dann mit der Crista, wie oben erwähnt, sich vereinigt. Von den übrigen Vierhändern unterscheidet sich auch dieses Schulterblatt dadurch, dass sein hinterer Rand als der längste, parallel der Wirbelsäule steht, während bei jenen er einen grossen Theil an die foss. supra spinata abgiebt. Die Ausdehnung des Schulterblattes ist daher mehr von vorn naçh hinten und nicht von der ventralen in dorsaler Richtung. Die halbmondförmige Gelenkfläche liegt daher auch lateral neben der Crista und nicht im rechten Winkel auf deren Längsrichtung.[1])

Humerus (Taf. XIX.)[2]) ist lang und vollkommen gerade. Der Humeruskopf ist ganz nach hinten gerichtet und bildet mit der Axe des Ellenbogen einen Winkel von 13°. Sein Knorpelüberzug bildet von vorn nach hinten die Hälfte eines Kreises, in der Richtung von Aussen nach Innen nur ein Viertel desselben. Tuberculum majus und minus sind beide durch eine Crista mit beiderseitigen Gruben getrennt. Diese Crista läuft bis in die Hälfte des Oberarmes herab. Alsdann finden sich an der lateralen und medianen Seite des Humerus Cristen, welche von jenen Tuberkeln ausgehen. Hierdurch wird aber der obere Theil des Knochens in drei Flächen getheilt. — Die Sp. tuberculi minoris läuft an der medianen Seite herab und geht in eine Crista über, welche durch einen von hinten und oben, nach vorn und unten verlaufenden Kanal durchbohrt ist, und am Epicondylus internus endet. Die Sp. des tuberculum majus läuft auf der Mitte der Vorderwand herab. An der lateralen Seite aber liegt die stärkste Crista, welche bis zu Epicondylus ext. geht. Auf der Rückenseite ist die untere Hälfte der Knochen platt. — Der eigentliche Gelenktheil zeigt uns zwei Rollen für Radius und Ulna, welche durch eine Furche, die vorn schmal und hinten gegen die fossa cubitalis post. breit ausläuft,

---

[1]) Bei einem noch jungen Chl. Hoffmanni, den ich zu untersuchen der Freundlichkeit meines Collegen Bütschli verdanke, sehe ich Crista, Akromion und den oberen Schulterrand getrennt. Die obere Hälfte der Gelenkfläche bildet hier ein ganz getrenntes Knochenstück, welches einen flachen Fortsatz gegen die fossa supra spinata aussendet. In späterer Zeit verwachsen diese Theile und bleibt nur ein rundes Loch in der Fossa supra spinata übrig. Jenes selbständige Knochenstück halte ich für den Proc. coracoid. der Vierhänder und jene Lücke für das Analoge der incisura scapulae der Menschen. — Ich habe noch einen Fehler auf meiner Taf. XXII, Fig. 6 zu berichtigen. Jene Scapula, bei welcher die obere Brücke und das Akromion fehlt, ist von *Bradypus* und nicht von *Choloepus*. Uebrigens sind beide hier sehr übereinstimmend.

[2]) Die Tafel XIX zeigt uns den Unterschied von *Bradypus*.

getrennt werden. Die kleine Rolle dient der Ulna, die weit grössere dagegen ist für den Radius. Demnach liegt die Axe für die Charnierbewegung an der Radialseite tiefer als an der ulnaren. Ueber beiden liegt die kleinere fovea cubitalis anterior.

Schultergelenk. Die nur zwei Drittel des senkrechten Kreisbogens der Gelenkfläche des Humeruskopfes einnehmende Gelenkfläche der Scapula wird durch eine derbe, starke, jedoch ziemlich weite Kapsel mit dem Oberarm verbunden. Sie heftet sich an die Tubercula, überbrückt den sulc. intertubercularis, umkreist die Gelenkfläche und heftet sich an den Pfannenrand und den Proc. coracoideus. Dieser Theil der Kapsel ist bei weitem der stärkste (Lig. coraco-humerale). In ihm läuft die Sehne des musc. biceps, welche sich an die obere Spitze der Pfanne anheftet.

Radius und Ulna (Taf. XX.). Die tellerförmige Grube des ersteren ist sehr gross. Mit der Circumferentia articularis geht sie in einen engen Hals über, an welchen sich die Tuberositas anreihet. Das obere Drittel des Knochens ist abgerundet, dann wird er mehr und mehr breit und flach. Er höhlt sich auf der Volarseite eine Längsfurche aus, welche namentlich an der Daumenseite von einer sehr scharfen Crista begrenzt wird. Auf der Dorsalseite findet sich ebenfalls eine Längsfurche und an der Daumenseite eine Crista, welche sich unten nach der Volarseite umlegt. Unten, seitlich der Ulna, ist der Radius auch mit sehr scharfem Rande versehen. — Die Gelenkfläche, welche im Proc. styloid. radii verschmälert, aber in der incisura semilunaris breit endet, liegt sehr schräg zur Axe des Knochens und steigt an der Daumenseite am tiefsten herab. — Die obere Gelenkfläche der Ulna ist unverhältnissmässig schmal und bildet einen flachen Kreisabschnitt zwischen Olekranon und Proc. coronoideus. Sie liegt lateral geneigt gegen die Längsaxe des Knochens. Die untere Gelenkfläche ist rund, und trifft mit dem Triquetrum des Carpus zusammen. Dem Gelenk zwischen Radius und Ulna fehlt die Cartilg. triangul. Noch ist zu erwähnen, dass die Diaphyse der Ulna gleichfalls eine dem Radius zugewendete Crista hat.

Ellenbogengelenk. Wie schon erwähnt, sind die Gelenkflächen des Humerus dadurch bemerkenswerth, dass eine Trochlea und Rotula als besonders ausgeprägt nicht vorkommt, sondern dass nur zwei knopfförmige Gelenkrollen vorhanden, welche vorn durch eine einfache Rinne getrennt sind, welche letztere nach hinten dann breiter werdend, zu einer schräg aufsteigenden Hohlrolle ausläuft. Der grosse Knopf dient dem Radius. Er endet nach hinten mit seinem Knorpelrand sehr früh. Der kleinere, mit seiner nach hinten erweiterten und nach der ulnaren Seite höher liegenden Rolle, dient der Ulna. — Sehen wir nun die Gelenkflächen des Vorderarmes an, so finden wir die tellerförmige Grube des Radiuskopfes sehr umfangreich, dagegen die Fssao sigmoidea major der Ulna sehr schmal und gegen die Radialseite schief geneigt. Ausserdem ist die Curve vom Olekranon zum Proc. coronoideus flach und dieser Fortsatz kurz. — Bei der Beugung legt sich der Proc. coron. an das obere Ende des kleinen Rollhügels, der Rand des breiten tellerförmigen Radius jedoch in die über seinem Rollhügel liegende fovea antica. In der Streckstellung schiebt sich die fossa sigmoidea über die schräg gelagerte, hintere Hohlrolle hinauf. In der Beugestellung sehen wir den Vorderarm lateral vom Oberarm und zwar in Folge der nach dem Radius sich neigenden Queraxe des Humerus.[1])

Bei der Streckung aber wird durch jene beiden von der Ulnaseite zur Radialseite sich neigenden Gelenkflächen der Arm gerade gestellt.

Rücksichtlich der Bänder des Ellenbogengelenkes wäre nur so viel zu sagen, dass sie die gewöhnlichen Verhältnisse kundgeben, jedoch im Vergleich zum Menschen stark erscheinen. Nur fehlt dem lig. sacciforme der cartilago triangularis.

Knochen der Hand (Taf. XXI, Fig. 3 und 4). Die Handwurzel besteht aus sieben Knochen. In der ersten Reihe liegt das Naviculare, Lunatum und Triquetrum. Die beiden ersten stehen mit dem Radius durch radio-ulnare, sowie durch eine dorso-volare gewölbte Gelenkrolle in Verbindung. Der letzte hat jedoch eine ganz ebene Fläche und verbindet sich mit der ebenen Fläche der Ulna, welcher der Griffelfortsatz mangelt, ohne Cartilago triangularis direkt. Das Naviculare besitzt einen hakenförmigen Auswuchs, welcher nach unten mit dem Daumenrudiment durch eine Gelenkbildung verbunden ist und ein Analogon für das Multangulum majus abgiebt.

Das Triquetrum aber ist an seiner volaren Seite mit einem Pisiforme durch Bänder verbunden. Zwischen dem Daumenrudiment und dem Triquetrum liegen nun als zweite Reihe der Handwurzel die Analoga von Multangulum minus, Capitatum und Hamatum. Multangulum steht in Verbindung nach oben mit dem Naviculare, nach abwärts mit dem Matacarpus II und der Basis des Daumenrudimentes, Capitatum nach oben mit dem Lunatum, nach unten mit dem Metacarp. III und endlich das Hamatum articulirt mit dem Triquetrum, Lunatum, Capitatum, mit dem Metacarp. III und dem verkümmerten Metacarp. IV.

Mittelhand. Es finden sich nur zwei lange, gut ausgebildete Mittelhandknochen. Von diesen ist der ulnare breiter und dicker, als der radiale. Ihre Basis ist breit. Bei ersterem mit zwei Einschnitten versehen für das os capitatum und hamatum. Bei dem radialen ist nur ein Einschnitt für das os multang. minus und ein Vorsprung für Anlage des Daumenrudiments

[1]) Es ist also nicht wie beim *Lemur*, bei welchem beide Theile in der Beugung sich aufeinander legen, aber umgekehrt, wie bei dem Menschen, wo der Vorderarm bei der Beugung die Hand auf die Brust legt.

Der ulnare besitzt an seiner Seite einen ganz verkümmerten Metacarp. quartus, welcher aber mit ihm verwachsen. Die Capitula beider Metacarpen haben schmale, stark gewölbte, nach der Volarseite scharf ausgezogene Rollen, an beiden Seiten eingedrückt.

An diese beiden Metacarpen reihen sich die ersten Phalangen. Diese sind sehr kurz, zeigen auf ihrer dorsalen Fläche vorn sowie hinten einen scharfen Ausschnitt, welcher gegen die Vola hin in ebensolche schmale Gelenkhöhle für den Kopf des Metacarpus als auch der zweiten Phalange übergeht. An der Vola liegen jederseits zwei grosse, nach hinten spitz zulaufende Sehnenbeine, welche die Rollen der Metacarpen seitlich einschliessen. Die zweiten Phalangen der beiden Mittelfinger sind lang, dorsal von einer Seite zur anderen gewölbt und in der Vola an ihrem hinteren dickeren Ende durch eine breite Furche ausgehöhlt. Ihre hintere schmale Gelenkrolle legt sich in die schmale Gelenkhöhle der zweiten Phalanx. Ihr vorderer Theil verschmälert sich mehr und mehr und zeigt nun eine ähnliche schmale, rinnenförmige Gelenkhöhle für die kurze, hakenförmig gebogene Phalanx III mit ihrer gleichfalls schmalen Gelenkrolle.

Handgelenk. Die Hand steht zum Vorderarm wegen der nach der radialen Seite tiefer stehenden Gelenkfläche des Radius und bei fehlender Cartilago triangularis und unmittelbarer Anticulution des Triquetrum mit der Ulna (in der Mittelstellung) schräg nach der Seite der Ulna (d. h. die Ulna bildet mit dem Metacarpus ihrerseits einen stumpfen Winkel). Bei der Abduction in ulna-radialer Richtung entfernt sich das Triquetrum von der Ulna, umgekehrt nähert es sich derselben. Ebenso bei der Rotation. Bei der Beugung und Streckung schieben sich beide Gelenkflächen auf einander hin und her. In beiden Fällen neigt sich die Hand gegen die Ulna. Zwischen erster und zweiter Reihe der Handwurzelknochen findet nur eine schwache Flexion und Extension statt. — Die Flexion und Extension ist ausgiebiger zwischen Metacarpus und Phalanx I und mehr noch zwischen Phalanx II und III, als zwischen Phalanx I und II.

4. Hinterextremität.

Der Femur (Taf. XVIII.) ist etwas nach hinten geschweift. Der grosse Gelenkkopf ruhet auf einem nach vorn aufsteigenden, dem *Bradypus* gegenüber, gut entwickelten Hals und tritt schräg nach innen und oben, aber ganz besonders nach vorn. (Wir denken uns das Thier aufrecht hängend.) Er bildet mit der Längsaxe der Diaphyse einen Winkel von 120°. Die grösste Ausdehnung der Gelenkfläche ist von vorn und unten nach hinten und oben in einem Kreis von 180°. Eine Grube für ein lig. teres fehlt ganz und gar.

Die Trochanteren sind bei weitem mehr entwickelt als bei *Bradypus*. Beide von innen nach aussen aufsteigend, liegen zu einander, der T. minor etwas nach hinten. Hals und Kopf tritt zwischen beiden nach vorn hervor. Die Diaphyse ist rundlich und hat nur oben, von den Trochanteren aus, zwei schwache, bald abwärts verschwindende Leisten. An der unteren Epiphyse ist die Fovea patellaris sehr wenig vertieft, aber breit. Die Rolle des Condylus int. ist grösser aber schmäler, die des ext. ist nach der Fossa intercondyloidea abgeflacht. An der Aussenfläche besitzen beide tiefe Eindrücke, über welchen die Epicondylen.

Das Hüftgelenk (Taf. XXIII.). Das Acetabulum ist von vorn nach hinten länglich. Der vordere Rand ist weit höher, als der ventrale und dorsale. Die Fovea acetabuli ist herzförmig, nach unten rund und breit, nach oben aber ist sie spitz zulaufend. Eine Incisura acetabuli liegt nach innen und hinten und die Cartilago semilunaris bildet einen Ring, der vorn sehr breit und hoch, nach hinten und innen allmälig schmäler wird.

Die Gelenkkapsel geht vom Rande des Acetabulum rings herum an den Schenkelhals unmittelbar an die Trochanteren. Sie ist hinten weiter als vorn. Vorn, in der Mitte zwischen den beiden Trochanteren, steigt in ihr eine starke, an dem Schenkel sich zuspitzende Faserlage herab, welche eine Streckung des Schenkels bis zur Längsaxe des Rumpfes durch ihre Spannung über den vortretenden Schenkelkopf nicht zulässt. Hängt man das Thier am Kopf schwebend auf, so befindet sich der Femur in halber Flexion und Abduction. Der Schenkelkopf ist nach vorn, innen und oben gerichtet. Eine Linie durch die Trochanteren der einen Seite gelegt, läuft von vorn und unten nach hinten und oben. Die Patella liegt nach aussen und vorn. Eine Rotation kommt bei gestreckter Stellung (die nie ausgiebig ist) weder nach aussen, noch nach innen vor. Beides hindert die obige Falte (lig. ileo femorale) nebst dem stark nach vorn gerichteten Gelenkkopfe. In jeder Beugestellung jedoch beträgt die Rotation aus der Mittelstellung 90°. — Ebenso ist eine Abduction in jeder Beugestellung möglich und steigert sich mit der letzteren bis zu 120—130°. Die Adduction jedoch ist in jeder Stellung durch die Aussenfläche des breiten Beckens und die seitliche Stellung der Pfanne so beschränkt, dass die Knie nur so weit, als die Breite des Beckens es erlaubt, genähert werden können. — Das Bein liegt sowohl in der Streckung, sowie in der Beugung in Abduction.

Die Tibia (Taf. XVII.) ist etwas kürzer als der Femur. Jener ist 130 mm lang, dieser 120 mm. (Bei *Bradypus* sind beide Knochen gleich lang.) Die Tibia ist convex nach vorn und innen. Die beiden Gelenkflächen an der oberen Epiphyse sind getrennt durch, von hinten nach vorn laufende Furchen, und steigen von beiden Seiten gegen diese Furche in die Höhe, eine schwache Eminentia intermedia bildend. Die mediane Fläche ist kleiner und ist in frontaler Richtung ausgehöhlt und endigt hinten etwas geneigt und zugespitzt. Die laterale Gelenkfläche ist die grössere, ist in sagittaler Richtung gewölbt und geht weiter nach vorn und nach hinten. Auch ist sie breiter, fällt aber in ihrem hinteren Drittel plötzlich dreieckig ab und stösst an die Gelenkfläche des Caput fibulae. — Das Mittelstück ist umfangreicher oben und etwa dreieckig. Statt einer Tuberositas tibiae findet sich eine nach oben kleine Fläche. In der Mitte ist der Knochen rundlich, unten aber wird er breit, plattet sich hinten und vorne ab und bekommt lateral und median Ränder. Die untere Epiphyse ist durch ihre Gelenkbildung sehr charakteristisch. Der Malleolus internus ist ziemlich kurz und stumpf im Vergleich zum externus und ist auf seiner hinteren Seite durch eine grosse, senkrecht herabsteigende Furche begrenzt. Zwischen ihm und der eigentlichen Gelenkfläche ist eine, von vorn nach hinten schmale, aber frontal ziemlich breite Knochenbrücke. Durch diese ist die Gelenkfläche ziemlich weit von dem Condylus internus getrennt. Diese Fläche, welche gewölbeartig von vorn und hinten, aber auch ebenso nach der Seite vorläuft, ist plötzlich abgeschnitten, indem sie in gleichem Sinne auf die Fibula übergeht und, hier absteigend, an einem knopfförmigen Köpfchen endet (vd. Taf. XVII).

Die Fibula ist dünn, nach aussen geschweift (man sieht hier in der Fibula wie Tibia die Spuren einer Infraction) und stösst oben an die Gelenkfläche des Condylus ext. tibiae. Gegen unten wird sie breit, ist vorn ausgehöhlt, hat hinten und aussen eine tiefe, von zwei Leisten begrenzte Furche. Ihre untere nach vorn und hinten, sowie nach der lateralen Seite gewölbte Gelenkfläche endet in jenem, gleichfalls überknorpelten Köpfchen, welches durch ein Band (lig. teres) mit einer Hohlrolle des Talus in Verbindung steht. — Noch sei bemerkt, dass die Kniescheibe entsprechend der fovea patellaris breit ist und einer senkrechten Crista ermangelt.

Das Kniegelenk. Die Gelenkkapsel ist hinten (lig. poplitaeum) überaus stark und steigt weit an dem Femur herauf. Auf der medianen Seite befestigt sie sich an die obere Wurzel der hier über dem Condylus befindlichen kurzen Crista, an der lateralen aber geht sie nur wenig über den Condylus externus. Ein starker Faserstrang zieht von jener Crista lateral nach unten und über den Kopf der Fibula, hier einen Knochenkern einschliessend. Hat man die Kapsel entfernt, so zeigen sich zwei Lig. cruciata interna (postica). Das oberflächlichere ist sehr stark und dick, kommt hoch oben von der lateralen Seite des Condylus internus und setzt sich an die Cartilago semilunaris interna fest, sowie an ein Sesambein über dem Kopf der Fibula. Dieses Sesambein ist an dem lig. lateral. externum befestigt und hat eine überknorpelte Fläche, welche in die Gelenkhöhle sieht. Median von diesem längeren Bande und unter ihm liegt, mehr geneigt, das eigentliche Lig. cruciat. intern. (posticum), welches sich, wie gewöhnlich, in der hinteren Randgrube zwischen die beiden Condylen befestigt. — An der lateralen Seite des Knie's liegt das einfache, aber starke Lig. lat. ext. (anticum) und wird hinten von dem eben erwähnten Sesambein, und vorn gleichfalls von einer knopfförmigen Erhöhung, welche als eine angeschwollene und verdickte Stelle der cartilago semilunaris externa sich herausstelt, eingefasst. Es setzt sich, abwärtslaufend, zugespitzt, an die Fibula. Vorn sieht man beim Ablösen der Patella eine sehr starke Bindgewebelage, welche sich vom Lig. patellae zur Fossa intercondiloidea begiebt (Lig. mucosum). Das Lig. cruciat. extern. (anticum). welches zwischen den vorderen Hörnern der Cart. semilunaris sich an die Tibia ansetzt, geht an die mediane Seite des Condyl. ext. des Femur, jedoch weiter nach hinten, als das Cruciat. intern. am Condylus fem. intern. Das Lig. laterale internum ist dünner und breiter, als das externum und steigt zur Tibia herab. Betrachten wir nun noch die Cartilagines semilunares. Der mediane Knorpel beschreibt einen weiten Bogen, der hinten, neben der Ansatzstelle des Lig. cruciat. post. entspringt und nur schmal, mit erhöhtem äusseren Rand und zugeschärftem inneren, nach vorn läuft, hier höher und steiler wird, vorn mit der Kapsel verwachsen ist und sich neben dem Lig. cruc. antic. an die Tibia heftet. — Der laterale Knorpel ist viel umfangreicher, weit breiter, enspringt hinten von dem Lig. cruciat. post., ist dann mit dem Knochenkern (Sesambein) und dem Lig. later. extern. verbunden, läuft dann am äusseren Rand, immer höher und dicker werdend, an die vordere Fläche der Tibia, neben das Lig. cruciat. ant. Der Knorpel ist namentlich vorne sehr hoch und steil zwischen dem Seitenband und dem Lig. patellae. Der innere, scharfe Rand bildet einen kleineren Kreis als die Cartilg. interna. Das Sesambein, welches an dem Kopf der Fibula und dem Lig. later. extern. verwachsen, ist mit einer Knorpeloberfläche gegen die Cart. semil. gewendet und betheiligt sich bei Bildung der Gelenkhöhle.

Die Bewegung zeigt in Streckung und Beugung eine Excursion von 140°. Die Rotation in gebogenem Knie beträgt circa 90°. Die Bewegung in erster Richtung ist immer mit einer kleinen Rotation verbunden. Bei der Streckung dreht sich die Tibia nach aussen, bei der Beugung nach innen. Durch die tiefere Stellung der lateralen Gelenkfläche an der Tibia und die grössere Ausdehnung der medianen Rolle am Femur, bildet Ober- und Unterschenkel in der Streckung einen Winkel auf der lateralen Seite, bei der Beugung legt sich lezterer aber median von ersterem. — Bei der Streckung bewegen sich beide Condylen auf den Ringknorpel, bei der Rotation aber verschiebt sich die leichter bewegliche laterale Ringknorpel auf der Tibia.

Fuss (Taf. XXI., Fig. 1 und 2). Der Tarsus wird zusammengetzt aus sieben Knochen. Der Talus zeigt eine sagittal gelagerte, radförmige Rolle. Sie ist schmal, hat seitlich abgerundete Ränder. Während der Knorpelüberzug auf der medianen Seite scharf abgeschnitten ist und eine rauhe Seitenfläche herabsteigt, kommt auf der lateralen Seite eine runde Grube vor, in welche der Knorpelüberzug, einen halben Bogen bildend, hinabsteigt. Der vordere Rand dieser Grube ist hoch und endet in einem stumpfen Fortsatz. In der Mitte der Grube ist eine unebene Stelle, an welche sich der knopfförmige Fortsatz des Fibula-Knöchels ansetzt. Nach unten wird die Grube begrenzt von einer, in sagittaler Richtung verlaufenden, aber frontal gewölbten kleinen Rolle, welche einer Hohlrolle am Calcaneus entspricht. Nach vorn geht der Knochen in einen Hals über, der in einem Kopf endigt, an welchem eine halbkreisförmige, median absteigende Hohlrolle ist. Diese Gelenkbildung articulirt mit einer corespondirenden Gelenkbildung am Kahnbein.

Der Calcaneus hat einen sehr langen, schmalen, nach abwärts und aussen verlaufenden, dann nach innen geneigten Fersenfortsatz. Nun kommt noch vorne der Sinus tars und dann endigt der Calcaneus in einer dreieckigen, etwas ausgehöhlten Gelenkfläche für das Cuboideum. Bezüglich der Lagerungsverhältnisse der beiden hinteren Knochen (Calcaneus und Talus) zu den übrigen Tarsus und den Metatarsus etc. ist zu bemerken, dass letztere ungefähr in einem Winkel von 45°, aussen und abwärts gedreht, gegen erstere gelagert sind. Neben dem Cuboideum liegen Os cuneiforme III, II, I. Ersteres ist ziemlich schmal und hoch und oben wie unten gleich breit, das II. ist keilförmig, nach unten spitz und das I. zeigt einen langen, abwärts und rückwärts gerichteten Fortsatz (Taf. XXI., Fig. 1 und 2b). An dieses letzte stösst ein Rudiment als Metatarsus des Hallux, an das zweite ein gut entwickelter Metatarsus II, an das dritte ein Metatarsus III. An das letztere und das os cuboideum legt sich der Metatarsus IV. Seitlich an diesem Metatarsus liegt, ohne Verbindung mit dem Cuboideum, der verkümmerte Metatarsus V. Die drei mittleren Metat. haben vorn schmale Capitula (welche nach der Planta hin zugespitzt auslaufen) mit seitlichen Eindrücken. Auf diesen spielt mit einer tiefen, aber schmalen Hohlrolle die sehr kurze Phalanx I, welche auf der dorsalen Seite zwei Fortsätze nach hinten schickt. Diese legen sich bei der Streckung in die seitlichen Grübchen am Capitulum an.

Auf der plantaren Seite aber heften sich lateral und median Sehnenbeine an, welche verhältnissmässig gross und gebogen, in eine Spitze nach hinten auslaufen. Nach vorn endet diese sehr kurze Phalanx mit einer tiefen Hohlrolle, auf beiden Seiten von zwei kammartigen Erhöhungen eingefasst. Entsprechend dieser Form ist nun die zweite, lange Phalanx mit einem mittleren Kamm und zwei seitlichen Furchen versehen. Das vordere Ende zeigt wieder eine sehr tiefe Furche mit hohen seitlichen Rändern. An der plantaren Seite haben die Phalangen tiefe Furchen für die Sehnen der Beuger. Endlich kommt die starke, hakenförmige, mit an der Basis in der Planta hervortretenden Anschwellung versehene Phal. III., deren Gelenkfläche der vorhergehenden angepasst ist.

Noch wäre die Verschiedenheit dieser eben beschriebenen Knochenbildung bei *Choloepus* und *Bradypus* zu erwähnen. Bei letzterem muss es vor allem auffallen, dass die vorderen Knochen im Tarsus mit den Metatarsalen fest verwachsen sich zeigen, was bei ersterem nicht der Fall. Auch zeigt *Bradypus* in seinen drei Zehen nur zwei Phalangen. Möglich, dass auch hier im ausgewachsenen Zustand ein Verwachsen der ersten, kleinen Phalanx mit dem Metatarsus vorkommt.

Die Gelenkbildung des Fusses und besonders die des Sprunggelenkes ist von hohem Interesse. Es ist schon erwähnt, dass der Raum für das Sprunggelenk, zwischen den Condylen der Tibia und Fibula, sehr breit im Vergleich zu der höchst schmalen und hohen Talusrolle sowie zur Gelenkfläche ist. Die schmale und hohe Talusrolle zeigt aber nun die Eigenthümlichkeit, dass sie nicht allein eine sagittale, hinten schmäler werdende Bogenfläche zeigt, sondern dass sie auch in frontaler Richtung gewölbt ist. Da nun aber die gewölbartige Gelenkfläche der Tibia seitlich in die der Fibula sich fortsetzt, welche letztere bis zu dem knopfförmigen, noch überknorpelten Fortsatz herabsteigt, so ist es möglich, dass die Rolle in dem weiten Raum aufgerichtet, an die obere, oder, umgelegt, sich an die seitliche Gewölbewand anlegen kann. Hierbei macht der Talus um die, in dem Kopf nach hinten und oben liegende Axe eine Rotation, sowohl in frontaler, als auch in sagittaler Richtung. Da hier fast eine arthrodische Bewegung vorkommt, so kann durch diese Rotation sowohl die gewöhnliche Supination des Fusses so sehr gesteigert werden, dass die Planta nach innen und vorn sich richtet, theils aber auch dem Fuss eine pronate Stellung gegeben wird. Zeigen sich diese Vorgänge an der lateralen Seite des Talus, so ist es an der medianen anders. Hier steigt in den Raum zwischen Talus, der oberen knöchernen Brücke und dem Knöchel der Tibia eine fibrose Knochenplatte herab zum Calcaneus, welche am langen Fortsatz des Cuneiforme I sich anheftet. Sie dient als Hemmungsband für extreme Stellung in der Pro- wie Supination des Fusses. Liegt der Talus mit seiner lateralen, hohlen Gelenkfläche auf dem knopfförmigen Fortsatz der Fibula, dann steht der Bogen der Rolle in gerader Richtung zum Unterschenkel. Der hackenförmige Fersenfortsatz zeigt sich dann nach der Medianseite umgelegt und der ganze Fuss steht in Supination. — Wenn nun auch die Kapsel in dem Sprunggelenk nach der hinteren und vorderen Seite sehr dünn ist, so finden wir doch starke Seitenbänder, die man als Lig. talofibulare anticum post. und calcaneo fibulare mit Recht bezeichnen darf. Während nun in dem Sprunggelenk eine sehr ausgiebige Bewegung um eine Queraxe als Flexion und Extension vorkommt, so ist aber auch **zwischen Talus und Calcaneus** eine Rotation um eine Längsaxe vorhanden, welche eine Pronation und Supinat. dieses Knochens und des Fusses bedingt.

Wenn man das Bein in seinen Bändern schwebend hängen lässt, so befindet sich der Fuss in einer Supination zum Unterschenkel. Rechnet man nun auch die Rotation, die in dem weiten Sprunggelenk möglich ist dazu und die Verschiebung zwischen Talus und Calcaneus, so ist wohl einzusehen, dass hier eine Rotation des Fusses um fast 180° möglich ist. Endlich findet sich noch eine sehr deutliche Rotation zwischen den beiden hinteren und den vorderen Tarsalen.

Skeletmuskeln des Choloepus.

Schon bei den Muskeln des *Lemur* habe ich mich über die Gründe meiner Muskelgruppirung und namentlich über das Beibehalten der M u s k e l h ü l l e n ausgesprochen, daher erfolgt auch hier wieder die früher eingeschlagene Reihenfolge der Muskelgruppen. Sie ist folgende:

I. Hautmuskeln.

II. Muskelhüllen, a) der Vorder-, b) der Hinterextremität.

III. Rumpfschultermuskeln.

IV. Muskeln der Vorderextremität.

V. Rumpfmuskeln.

a) Rücken-, b) Rumpfschwanz- c) Rumpfkopfmuskeln.

α. dorsale.

β. ventrale.

VI. Muskeln der Hinterextremität.

I. Hautmuskeln.

Ueber diese Muskeln kann ich nur wenig mittheilen, da das Thier abgebalgt und an mehreren Stellen die Muskeln, leider ganz besonders auch an den Phalangen, verletzt waren.

Der Rest von Hautmuskeln, den ich noch vorfand, zieht sich an der Seite der Brust und des Bauches herunter und sammelt seine Fasern in der Höhe der untersten Rippe, von wo diese eine scharfe, hochkantige Längsfalte über die Inguinalgegend bilden und in dieser über die vordere Seite des Oberschenkels zum Knie laufen. Ferner steigt von dem Seitentheil der Brust, aus der Gegend der zehnten Rippe, eine schmale Muskellage aufwärts und vereinigt sich mit dem Pectoralis an der Ansatzstelle desselben, am Halse des Humerus.

2. Hüllenmuskeln.

a) Für die Vorderetrexmität.

Pectoralis major (Taf. IX. Fig. 1, Taf. X. Fig. 3, Taf. XI. Fig. 5). Die Pectoralisgruppe ist sehr gross und mächtig. Sie zerfällt in drei Abtheilungen. Die erste Abtheilung (Fig. I. 8_1) ist oberflächlich und schmal. Sie kommt von dem vorderen Theil des Brustbeines und tritt, am unteren Theile des Oberarmes mit dem Biceps und der Sehne des Deltoideus vereinigt (Fig. V., 16 und 18, Fig. III., 15 und 16), an die Tuberositas radii. Endlich verlaufen ihre Muskelfasern in die Fascie des Vorderarmes. Die zweite Abtheilung ist sehr mächtig (Fig. I. 8_1). Sie kommt von dem Brustbein in dessen ganzer Länge und heftet sich mit breiter Sehne an die Spina tuberculi majoris Humeri (Fig. III. 13, Fig. V. 15) und zwar von dessen Hals bis fast in die obere Hälfte der Diaphyse. Die dritte Abtheilung (Fig. V. 7), welche man als Pectoralis minor bezeichnen kann, entspringt in der oberen Hälfte des Brustbeines und der Knorpeln der vier oberen Rippen und setzt sich, unter dem Deltoideus wegtretend, mit breiter Sehne an das Tub. minus des Humerus (Fig. III. 25). Zu dieser Sehne tritt der von der zehnten Rippe heraufkommende Hautmuskel (Fig. I. 8_3, Fig. V. 8). Die Wirkung dieser Muskelmasse ist nicht blos adducirend auf Arm und Rumpf, und rotirend auf das Schultergelenk, sondern erstreckt sich auch auf das Ellenbogengelenk, dieses beugend, sowie auf die Fascia des Vorderarmes, diese spannend.

Cucullaris (Fig. II. 5, Fig. IV. 12). Er ist ausgebreitet zwischen Hinterhaupt, den Dornen der Hals- und sieben bis acht oberen Rückenwirbeln, der Crista scapulae, dem Akromion und dem lateralen Theil der Clavicula. In dem Bereiche der fossa infra spinata zeigt er einen grossen Sehnenfleck.

Deltoideus (Taf. IX., Fig. 1 und 2, Taf. X., Fig. 3, Taf. XI., Fig. 5). Entspringt von der Pars akromialis claviculae, von dem Akromion und der Crista scapulae und zwar an letzterer in ganzer Länge. Die Aponeurose, welche von diesem Knochen kommt und an deren innerer Seite die Muskelfasern entspringen, geht bis in die Hälfte des Humerus herab.

Die Fasern zeigen folgende Verhältnisse: 1) Die von dem vorderen Theile der Fascie und der Clavicula kommenden Fasern setzen sich längs der Ansatzstelle des Pectoralis major und geben nach unten in den Brachialis ohne Trennung über. 2) Die von dem Akromion (Fig. I. 7) und dem mittleren Theile der Aponeurose (welche sich am oberen Theile des Humerus, längs dem Lig. intern. musculare externum anheftet) ausgehenden Fasern laufen frei über den ganzen Oberarm herab, verbinden sich mit der Sehne des Biceps und des oberflächlichen Pectoralis (Fig. I. 8₂) und setzen sich an die Tuberositas radii. Die am weitesten nach unten vom lig. intermusc. exter. entspringenden Fasern setzen sich in die volare Fascie des Vorderarmes fort. 3) Die von der Crista scapulae kommende Abtheilung (Fig. II. 6) heftet sich an die obere, laterale Hälfte des Humerus, längs dem lig. interm. extern. an dessen vordere Seite, woselbst sie mit den Ursprüngen des Supinator longus sich verweben.

Auch hier sehen wir ausser der Abduction des Armes vom Rumpf eine Flexion des Ellenbogens und eine Spannung der Fascie des Vorderarmes ermöglicht.

Latissimus dorsi (Taf. I., Fig. II. 8, I. 9). Entspringt von den Dornfortsätzen der Rückenwirbel sehnig, von der Fascia lumbodorsalis und von der sechszehnten Rippe an, zwischen den Zacken des obliquus externus fleischig. Seine Fasern laufen über den unteren Rand des Schulterblattes und setzen sich in breiter Sehne an die Spina tuberculi minoris (Fig. V. 14). Von dieser Sehne aus läuft nun eine breite Muskelmasse weiter am Arm herab und heftet sich an die Crista condyli interni des Ellenbogens neben der foram. condyl. inter. Zwischen obigem Sehnenansatz und Teres major findet keine Verbindung statt.

b) Hüllenmuskeln für die Hinterextremität.

Obliquus externus abdominis (Fig. III. 21, Fig. V. 10, Fig. VIII. 8) entspringt von der äusseren Fläche der siebenten bis dreiundzwanzigsten Rippe, sowie von der Fasc. lumbodorsalis des dritten Lendenwirbels. Er geht, mit seinen Muskelfasern den Rectus einhüllend, bis zur Lin. alba. (von der fünfzehnten Rippe aus). Erst in der Höhe des vorderen Endes der letzten Rippe entspringt seine Sehne, welche sich an das Becken heftet. Hier aber ist die Eigenthümlichkeit zu erwähnen, dass von der Spina ilii anterior und dann auch weiter gegen die Medriane hin, von dieser Sehnenausbreitung zwei Muskelkörper entspringen, welche ich mir, wie folgt, zu deuten erlaube. (Fig. VIII. 9.)

Es sind dies folgende drei Muskeln: Sartorius, Gracilis und Pubo-fibularis.

Sartorius (Fig. VIII. 2, IX. 1 und XI. 4) entspringt in grosser Ausbreitung von der Sehne des Obliquus externus, wo diese zwischen Spina anterior superior und Symphyse liegt. Mit den lateralen Fasern beginnt er an der Spitze der Spina ilii ant. sup. Hier schlägt er sich aber nun um seine Längsaxe nach hinten und median als columna extr. des Obliq., erhält hier Fleischfasern von der Fasc. transversalis, mit welcher dieser an der Rückenwand des Beckens sich verbindet. Auf diese Weise bildet der Sartorius an seinem Ursprung eine Tasche (Taf. XII., Fig. 9). Der Muskel steigt nun an der medianen Seite des Femur herab und heftet sich, mit der Sehne des Pectinaeus vereinigt, an das untere Drittel des Femur. Neben und unter ihm liegt der Nerv. und Art. cruralis.

Gracilis (Fig. VIII. 1, Fig. IX. 5, (an seinen Ansatzstellen abgeschnitten). Entspringt gleichfalls von der Aussenfläche der Sehne des Obliquus, median von dem vorigen, zwischen diesem und der Symphyse. Gegen letztere läuft er in eine sichelförmige Falte aus. Der Muskel ist oben breit und endigt in einer starken Sehne, welche sich hinter dem starken Lig. lat. intern. des Knie's an den Unterschenkel ansetzt. Er zeigt zwei Abtheilungen seines Ursprungs. Die eine, die laterale, entspringt höher an der Sehne des Obliquus; die andere, die mediane, tiefer (Fig. VIII. 11) und kommt zwar immer noch von der Sehne jenes Muskels, aber ganz nahe vom horizontalen Ast des os pubis. Beide Abtheilungen laufen, durch Bindegewebe verbunden, neben einander zu dem Unterschenkel herab. Zu der sich hier ansetzenden Sehne kommen Fleischfasern von Biventer II, welche sich über die hintere Fläche als eine dünne Muskelschicht ausbreitet.

Pubo-fibularis (Fig. VIII. 3, XIII. 5, IX. 4 abgeschnitten), ein schmaler, langer Muskel, der ganz auf der Grenze der Sehne des obliq. extern. und dem os pubis entspringt und, gegen den Unterschenkel herabsteigend, mit der fascienartigen Muskelhaut des Biventer I an die Mitte der Fibula sich anheftet. Er wirkt als Beuger und Anzieher, dreht aber ganz besonders den Unterschenkel um seine Axe.

Betrachten wir nun die äussere und hintere Seite des Schenkels, so finden wir lateral neben dem Sartorius:

Musc. glutaeus max. und Tensor fasciae latae untrennbar mit einander verbunden (Fig. XII. 1 und XI. 23). Sie entspringen von der Crista ilii in ihrer ganzen Ausdehnung von den Dornen des Kreuzbeines, von dem Ischium und der äusseren Fascia, und steigen, sich verschmälernd, an der Linea aspera des Femur herunter, nach hinten mit der fascienartigen Ausbreitung des Biventer vereinigt.

Biventer I (Fig. XII. 9 und XIII. 2). Ist lateral mit dem Glutaeus max. und median mit dem Adductor III und Semitendinosus am Becken verwachsen (XIII. 2, 4). Er entspringt vom os ischii und ist rundlich, wird aber beim Herabsteigen an der äusseren Seite des Oberschenkels breit, verdünnt sich sehr, läuft breit über die äussere Seite des Knie's und die äussere Seite des Unterschenkels fascienartig. Hier ist er mit dem Pubofibularis vereinigt (XIII. 2, 5). Median neben und unter ihm liegt

Biventer II (Fig. X. 9x und Fig. XIII. 3). Dieser ganz eigenthümliche Muskel ist gross und stark, entspringt von der Linea aspera am Femur, unter dem Trochanter major, steigt in der ganzen Länge des Oberschenkels herab, wird unter dem Knie breit und dünn und überzieht die ganze hintere Seite des Unterschenkels, indem er zugleich an Tibia und Fibula in ganzer Länge angeheftet ist und bis zu den Condylen sich ausbreitet. Er hüllt die hinteren Unterschenkelmuskeln fascienartig ein und endigt hinten ganz dünn über dem Fussgelenk. Am Oberschenkel schickt er Muskelfasern an die Sehne des Semitendinosus und des Gracilis. — Er beugt das Knie und spannt die Schenkelbinde.

Semitendinosus (Fig. IX. 10, XIII. 4, XI. 3) liegt hinter dem vorigen. Er entspringt vom os ischii, verwachsen mit dem Biventer I und heftet sich, kreuzend mit dem Pubo-fibularis (XIII. 4, 5), an die Tibia unterhalb der Sehne des Gracilis. Er ist mit letzterem sehnig und mit dem Biventer II durch Muskelfasern verbunden (Fig. IX. 10, 11.).

3. Muskeln zwischen Kopf, Rumpf und Schultergürtel.

Der Schultergürtel steht durch vier Muskeln mit dem Kopf in Verbindung, an der vorderen oder ventralen Seite der Sterno- und Kleidomastoideus und ebenso zwei an der dorsalen Seite.

Sterno- und Kleidomastoideus (Fig. I. 4, 5, Fig. III. 6, 7, Fig. IV. 2). Der erste kommt von der Spitze des Brustbeines, der andere von der langen und durch eine sehr schlaffe und bewegliche Gelenkverbindung mit dem Brustbein verbundenen Clavicula. Beide setzen sich unmittelbar neben den meatus auditorius externus.

Von den beiden dorsalen Muskeln, welche beide ich als Levatores scapulae bezeichnen möchte, liegt der Levator scapulae anter. (Fig. IV. 3) zwischen der vorderen oder oberen Kante der Scapula und dem meatus auditorius exter. Gerade hinter diesem etwas dorsal und mit ihm verbunden, liegt am oberen Schulterrand der Rhomboideus capitis (Fig. IV. 6) und heftet sich ausgebreitet an die Linea semicircularis occipitis.

Rhomboideus minor (Fig. IV. 6) entspringt von den Dornen der unteren Halswirbel und heftet sich mit den nachfolgenden, unten verschmolzen, an den oberen Winkel des Schulterblattes.

Rhomboideus major (Fig. IV. 7) kommt von den Dornen der oberen Brustwirbel und heftet sich an den ganzen (hinteren) Rand der scapula bis zu dem unteren Wirbel.

Serratus ant. major (Fig. III. 13, Fig. V. 11) geht ganz wie bei dem *Lemur* von den untersten Halswirbeln bis zur neunten Rippe.

4. Muskeln der Vorderextremitäten.

Muskeln zwischen Schulter, Oberarm und Vorderarm.

Musculus deltoideus. Siehe bei Hüllenmuskeln.

Musculus supraspinatus (Fig. IV. 8), Infraspinatus (Fig. IV. 9) wie bei dem Menschen.

Subscapularis (Fig. III. 9, Fig. V. 13) auf der inneren Fläche der Scapula, heftet sich mit seiner Sehne an die Spina tuberis minoris, jedoch eine Strecke unter dem Gelenkkopfe.

Teres major (Fig. III., Fig. IV. 10, Fig. V. 12) ist ein grosser, starker Muskel. Er kommt von der äusseren unteren Ecke der Scapula und setzt sich in breiter Ausdehnung fleischig an die Linea tub. minoris, bis zur Mitte des Humerus herabsteigend. Die Sehne des Latissimus liegt ihm median, ohne dass er mit ihr in einer Verbindung stände.

Coracabrachialis (Fig. III. 26), ein feiner Muskel, mit langer Sehne an der unteren Fläche der Clavicula befestigt. Zwischen den Sehnen des Pectoralis und Latissimus herabtretend und sich an das obere Ende der Crista interna ansetzend. Median von diesem finde ich noch einen kleinen Muskelkörper, der sich am oberen Ende des Teres major an den Humerus (Fig. III. 27) anheftet.

Triceps (Fig. II. 7, Fig. III. 12, Fig. IV. 11) ist ganz wie bei dem Menschen. Seine untersten Fasern heften sich an die hintere Kapselwand des Ellenbogens.

Biceps (Fig. III. 14, Fig. V. 18). Die starke und lange, in der Hälfte des Armes beginnende Sehne geht durch den Sulcus intertubercularis in die Kapsel und heftet sich an die Gelenkfläche der Scapula. Er läuft dann am Arm abwärts, in zwei kräftige Fleischbündel getheilt. Der eine geht mit dem Pectoralis und Deltoideus an die Tuberositas radii, der andere mit dem Brachialis an die Ulna. Am Vorderarm werden beide von Supinator und Pronator eingefasst.

Brachialis (Fig. III. 28). Vorn und lateral am Humerus in der Tiefe gelegen, zwischen Biceps und Triceps. Er heftet sich mit dem einen Fleischbündel des Biceps vereinigt an den Proc. coronoideus der Ulna.

Muskeln zwischen Oberarm, Vorderarm und Hand.

Supinator longus (Fig. VI. 5), ein starker Muskel. Er entspringt an der äusseren vorderen Fläche längs der Crista condyl. externa aus der halben Höhe des Humerus, läuft an dem Radius, in seiner äusseren, vorderen Seite, bis zu deren Mitte fleischig angeheftet, herab, vereinigt sich alsdann mit der Sehne des Pranator und läuft jetzt, sehnig an die Crista radi geheftet, herab bis zum Carpus. An seinem oberen Ursprung verschmilzt er mit der dorsalen Spitze des Deltoideus.

a) Muskeln auf der dorsalen Seite.

Diese Muskeln füllen den Raum zwischen Condylus extern. humeri und dem äusseren oder hinteren Rand der Ulna. Auch hier sind die Muskeln an ihren Ursprüngen mit einander verwachsen.

Extensores carp. radiales. (Fig. VI.6) An der radialen Seite neben dem Supinator, entspringt vom Condylus extern. humeri und der dorsalen Seite des Radius ein Muskelkörper, welcher, in zwei Sehnen getrennt, an dem Vorderarm herabläuft. Die radial verlaufende Sehne geht an den Metacarpus II. Die ulnarwärts neben dieser liegende, stärkere geht an den Metacarpus III. Letztere extendirt einfach, die erstere aber extendirt und abducirt nach der Radialseite.

Extensor digitor. longus (Fig. VI.8) liegt neben dem vorigen, ulnarwärts. Entspringt von dem Condylus extern. humeri. Die Sehne theilt sich unter dem Lig. carp. dorsal. in zwei Sehnen, welche sich an die Phalanx I, II und III der beiden Zehen anheften. Diese Muskeln extendiren einfach.

Lateralwärts von dem extensor digitorum findet sich ein Muskelkörper, der sich nach abwärts in zwei lange Sehnen theilt und den ich für einen Abductor und Extensor ulnarie halten muss. Das Muskelfleisch ist nach oben mit dem Fleisch des vorigen Muskels verwachsen und kommt vom Condyl. extern. humeri und entspringt von dem hinteren Rand der Ulna in ganzer Länge. Die mehr radial liegende Sehne ist der Abductor (Fig. VI. 9), dieser setzt sich an den Rücken und die Basis der Phalanx I des ulnaren Gliedes. Er extendirt und abducirt lateral. Die laterale Sehne gehört dem Extensor ulnaris (Fig. VI. 10). Diese setzt sich an die laterale Seite des ulnaren Metacarpus. Sie ist stärker als die vorige. Sie abducirt vorherrschend und extendirt etwas.

Abductor pollicis longus (Fig. VI. 7) entspringt, bedeckt von dem vorigen, hoch oben beginnend, an den oberen zwei Dritteln der Ulna, kommt zwischen Extens. quat. digitor. und dem Extens. radialis zum Vorschein, überschreitet deren beide Sehnen und heftet sich an das

Daumenrudiment und zwar mit sehr starker Sehne. Er abducirt den Carpus sehr energisch nach der Mediane.

Nun finde ich an der dorsalen Seite des Vorderarmes unmittelbar unter dem Extens. ulnaris einen Muskelkörper, der von der dorsalen Seite der unteren Ulna entspringt und auf dem Carpus weiter läuft. Ferner zwei Muskelkörperchen, welche auf dem Carpus und Metacarpus liegen. Der ulnare entspringt von dem unteren Ende der Ulna, liegt auf der dorsalen Seite des Carpus und des Metacarpus und geht an die Basis der Phl. I des lateralen Fingers, während ein zweiter Theil in eine Sehne, des Extensor communis sich begiebt. Ein radialer kommt aus der Lücke zwischen dem Metacarpus radialis und dem Daumenstummel hat aber seinen Ursprung am Os naviculare der Vola und sendet seine Sehne an die Phalanx I des radialen Fingers und einen Theil in die Sehne (radiale) des Extens. dig. comm. Ein ähnliches, kleines Muskelchen kommt auf der lateralen Seite aus der Vola vom Os hamatum und setzt sich seitlich an die Phalanx I. Ferner kommt aus dem Spalt zwischen den beiden Metacarpen ein Muskel, welcher sich gleichfalls an die Sehnen des Flex. communis heftet.

b. Die volare Seite des Vorderarmes.

Pronator teres (Fig. VII. 6), ein grosser Muskel. Er kommt von dem Condylus intern. humeri und seiner Crista, ist mit dem Flex. carp. rad. verwachsen und läuft, mit der Sehne des Supinator longus gleichfalls verwachsen, an der Crista des Radius herab.

Supinator brevis ist bedeckt von dem longus, kommt vom Condylus extern. humeri und schlingt sich um das oberste Drittel und die Tuberosität des Radius herum.

Flex. carpi radialis (Fig. VII. 7) kommt von Condylus humeri intern. und geht an das os naviculare.

Flex. digitor sublimis (Fig. VII. 8) tritt unter dem lig. volar. carp. mit seiner Sehne durch und heftet sich, nachdem jene sich getheilt, an die Phalanx II beider Finger. Er liegt lateral vom vorigen.

Palmaris longus liegt lateral vom vorigen und geht in das lig. volare prop.

Flex. carpi ulnaris (Fig. VII. 9), von der Ulna in ganzer Länge vom Epicondylus humeri und der Fascia des Vorderarmes kommend, geht als sehr starker Muskel an das os pisiforme.

Flex. digitorum profundus (Fig. VII. 10) ist der stärkste Muskel; kommt vom Humerus, wie der vorige, von der ganzen volaren Fläche des Radius, Ulna und lig. inteross. und geht an die dritte Phalanx.

Pronator quadratus nimmt mehr als das untere Drittel des Unterarmes ein. Ansatz wie bei dem Menschen.

Endlich finde ich in der Vola, unmittelbar auf den Metacarpen, zwei Musculi interossei, welche zwei anderen gegenüber als interni zu bezeichnen sind.

Schliesslich sei bemerkt, dass von den grösseren Muskeln des Vorderarmes öfter Muskelfasern in der Fascia Antibrachii ihr Ende finden, dass aber auch leider durch das Abbalgen mir die Deutung der verkümmerten Muskeln auf dem Rücken, sowie in der Vola sehr verkümmert wurde.

5. Rumpfmuskeln.

a) An der dorsalen Seite der Wirbelsäule.

Extensor dorsi. Bei der Betrachtung dieses Muskels ist es gut, noch einmal die Knochenbildung zu überblicken. Wir haben hier sechs Halswirbel mit gut entwickelten Dorn-, Gelenk- und Querfortsätzen. Es folgen dreiundzwanzig Rückenwirbel, deren Querfortsätze sich gut ausgebildet zeigen und deren Dornfortsätze, ungleich niederer als die des Halses, bis zum dreiundzwanzigsten wenig hervortreten und mit ihren Enden alle nach hinten gerichtet sind. Sie bleiben so ziemlich in gleicher Höhe mit den knopfförmigen Querfortsätzen. Die zahlreichen, nach unten immer breiter werdenden Rippen zeigen von oben nach unten kleine Knochenvorsprünge, die aber weiter nach unten sich immer mehr von den Querfortsätzen entfernen. Sie bezeichnen die laterale Grenze für den Longissimus dorsi. Lateral von diesem kommen die Rippenwinkel als Begrenzung des lumbo-costalis. Der letzte Brustwirbel ist die Vertebra intermedia, mit ihren vorderen, gleich allen Rückenwirbeln, frontal niederliegenden, und ihren hinteren, gleich den Lendenwirbeln, mehr sagittal liegenden Gelenkfortsätzen. An den drei Lendenwirbeln mit ihren, von vorn nach hinten etwas langen, zur Seite frontal, aber kurzen Querfortsätzen, finden sich wenig steilstehende Gelenkflächen. Die Fortsätze dieser Gelenke sind auch, gleich den gespalten auslaufenden Dornen, wenig hervortretend. So sind denn auch hier, wie an den Rückenwirbeln, die Längsfurchen zwischen den Dorn-, Gelenk- und Querfortsätzen niedrig. Hieran schliesst sich nun das Becken mit seinen flachen, aber sehr weiten und breiten, seitlichen Längsfurchen an. Endlich kommt das Schwanzbein mit seinen vier Wirbeln, welche, wenn auch kurz und verkümmert, jedoch eine Beweglichkeit zeigen.

Dass wir bei dieser Knochenbildung keine scharf ausgeprägten Rückenstrecker erwarten dürfen, versteht sich von selbst. Die Lagerstätten für solche sind zu wenig scharf begrenzt, ausgeprägt und zu wenig tief, als dass hier höhere Lagen von Muskelfasern Platz finden könnten.

Sind aber auch die Längsfurchen in und seitlich der Wirbelsäule nicht tief, so liegen sie dagegen breit auf der Rückenfläche und dem breiten Becken und so finden wir denn flache Muskellagen, welche sehr ausgebreitet, unter einander verfilzt und wenig scharf geschieden sind.

Von dem Kreuzbein aus entspringen aus der Fascie Muskelfasern, welche, in Sehnen auslaufend, als oberflächlichste an die Dornfortsätze der drei Lendenwirbel und der fünf hinteren Rückenwirbel gehen. Diese Sehnen sind durch rechtwinkelig aus ihnen heraustretende Fleischfasern mit einander verbunden. — In der Tiefe entspringen verhältnissmässig breite Sehnen von den vorderen Gelenkfortsätzen der drei Lendenwirbel, sowie von den Querfortsätzen der Rückenwirbel. Die Sehnen wenden sich alle nach vorn, theils lateral, theils median. Die lateral verlaufenden Sehnen, welche gleichfalls durch senkrecht aus ihnen hervortretende Muskelfasern mit einander verbunden sind und so eine Lage entsteht, welche den Raum zwischen den Querfortsätzen und den Winkeln der Rippen bedeckt, setzen sich, in Muskelfasern endend, bis an die oberen Rippen, und zwar so, dass die Fleischfasern sich in breiter Lage an die Rückenseite jeder einzelnen Rippe, bis zum Angulus, festsetzen. — Wie nach der lateralen, so gehen nun auch nach der medianen Seite Sehnen ab, welche sich mit Muskelfasern an die Dornfortsätze heften. — Von dem sechsten hinteren Rückenwirbel an verbinden sich diese Muskelfasern mit der vorhin erwähnten oberflächlichen Lage. Aus der Vereinigung entstehen feine Sehnen, welche sich an die vorderen Dornfortsätze des Rückens und der Halswirbel ansetzen. Die Muskellagen zwischen Querfortsätzen und Dornen gehen am Hals in einen ächten Multifidus über und enden, sowie auch der Transversalis, an den vordersten Halswirbeln. Der Lumbo costalis aber findet sein Ende an den ersten Rippen.

Complexus, vom zweiten Brustwirbel, sowie Tragelomastoideus, vom letzten Halswirbel entspringend, ebenso Rectus copitis post. major und minor, sowie Serratus post. zeigen die typischen Verhältnisse. Endlich ist zu erwähnen Splenius copitis (Fig. IV. 5), welcher von den Dornen aller Halswirbel und den zwei oberen Rückenwirbeln kommt, eine starke Fascie unter sich hat und an die Crista occipitis in ganzer Breite sich ansetzt.

Von Schwanzmuskeln ist hier nichts zu erwähnen.

b) Muskeln an der ventralen Seite der Wirbelsäule.

Rectus capitis anticus major. Entspringt von dem proc. cost. aller Halswirbel und dem Seitentheil der drei oberen Brustwirbel und heftet sich neben der for. mag. an die Basis des Schädels.

Longus colli. Von dem Körper der drei oberen Brustwirbel und unteren Halswirbel, sowie von den Querfortsätzen. Dieser Wirbel setzt sich an den Atlas.

Psoas minor entspringt seitlich der Körper der vier untersten Rückenwirbel und heftet sich mit einer langen, breiten und starken Sehne an die äussere Seite des Beckens und die Linea arcuata. Von einem Musc. ilio lumbalis findet sich keine Spur. Es wird das innerste Blatt der Fasc. lumb.-dors. unmittelbar von den Anfängen des Musc. lumbo-costalis bedeckt.

Viscerale Muskeln.

Muskeln des Kiefergelenkes.

Musculus temporalis (Fig. II., III. 1). Ein kräftiger, starker Muskel, welcher mit mächtigen Sehnen an den proc. coronoideus befestigt ist.

Masseter (Fig. I., II., III. 2) entspringt an dem ganzen unteren Rande des Jochbogens an dem Lig. intermedium und an dem herabsteigenden Fortsatz. Er setzt sich an den Unterkiefer.

Pterygoideus intern. aus der fossa pterygod. an die innere Seite des Unterkiefers und an den Kiefer-Winkel.

Buccinator (Fig. III. 3, V. 1). An den Rändern beider Kiefer bis zum proc. pterygoideus.

Biventer (Fig. V. 3) hat das Eigenthümliche, dass er mit einem Muskel in Verbindung steht, welcher, von der inneren Fläche des Brustbeines kommend, gleich einem Sternohyoideus nach vorn aufwärts steigt (Fig. V. 4). Der vordere Bauch wird durch diese Ergänzung besonders gross und setzt sich sehr ausgebreitet an den Unterkiefer. Der hintere Bauch aber befestigt sich an das grosse Horn des Zungenbeines, mit seinem hinteren Ende aber unter den Gehörgang.

Ferner zeigt sich noch eine Eigenthümlichkeit an dem **Mylohyoideus** (Fig. V. 2). Dieser ist nämlich ohne alle Verbindung mit dem Zungenbein. Von der Mediane an läuft er quer nach der inneren Seite des Unterkiefers und heftet sich an denselben vom Winkel bis nach vorn. **Geniohyoideus** wie gewöhnlich.

Brustmuskeln.

Pectoralis vid. Hüllenmuskeln.

Scalenus anticus (Fig. III. 19) entspringt vom oberen Rand der ersten Rippe bis zur achten Rippe. Ein kleiner Theil setzt sich aber am Hals hinauf fort und vereinigt sich mit dem Scalenus medius. Zwischen beiden verläuft der Plexus brachialis.

Scalenus med. (Fig. III. 8) entspringt aussen an den zwei obersten Rippen und setzt sich an die Querfortsätze der Halswirbel.

Scalenus post. entspringt an der obersten Rippe. Die Intercostales interni und externi sind sehr stark entwickelt.

Bauchmuskeln.

Obliquus externus. Siehe Hüllenmuskeln.

Obliquus internus entspringt von der Crista ilii und dem Rand der zwölf unteren Rippen. Der Fasernverlauf ist der gewöhnliche. Die Muskelfasern treten am vorderen Körpertheil weniger weit gegen die Mediane und nur der Sehnentheil geht hier über den Rectus. In der Nähe des Beckens aber treten die, von der inneren Wand der Fascia des Obliquus entspringenden Muskelfasern, den Rectus einhüllend, zur Mendiane.

Rectus (Taf. X., Fig. 3—20) entspringt von den Knorpeln der vierten und fünften bis zur neunten und zwölften Rippe und geht, ohne Inscription, neben die Spina pubis.

Transversus. Kommt von der inneren Seite der Rippen und geht, vom Rectus bedeckt, zur Mediane. Nur in dem unteren Drittel, in der Höhe der letzten Rippe, wird er sehnig.

6. Muskeln der Hinterextremität.

Als Hüllenmuskeln sind im Vorhergehenden schon folgende Muskeln ausführlich besprochen: Von der Symphyse ausgehend, fanden wir neben einander gelagert: Pubofibularis, Gracilis, Sartorius, Tensor fasciae, Glutaeus maximus, Biventer I und II, Semitendinosus. — Nach Entfernung der drei, an der Vorderseite des Beckens liegenden Muskeln (des Sartorius, Gracilis und des Pubofibularis) kommen folgende Muskeln von der lateralen Seite der Symphyse, fast neben einander liegend, zu Tage: Iliacus, Psoas (Fig. 10 3, 22), Pectinaeus (Fig. 10, 13), Adductor I (IX. 6), Adductor II (IX. 7), Adductor III. (IX. 9), Semimembranosus (IX. 8).

Betrachten wir diese Muskeln in der Reihenfolge an der Vorderseite.

Iliacus (Fig. X. 3) ist ein sehr starker und sehr kräftiger Muskel, welcher sich nach abwärts mit dem Psoas major verbindet. Er liegt median vom Glut. med. und Rectus femoris. Er entspringt von der vorderen Kante und der ganzen inneren Fläche des Iliums, mit Ausnahme der Crista, an welche sich die Fasc. illiaca allein anheftet. An der Spina ant. sup. ist er mit der Sehne des Obliquus abd. extr. in Verbindung. Er läuft als ein mächtiger Muskel über das Hüftgelenk, giebt der Kapsel Verstärkungsfasern und setzt sich in sehr starker

Sehne in weiter Ausbreitung an die mediane Seite der inneren Fläche des Femur, bis zu dessen Hälfte herabsteigend, lateral vom Pectinaeus. Er beugt das Hüftgelenk.

Psoas major (Fig. X. 22) lateral von dem vorigen. Er entspringt vom Seitentheil der Lendenwirbel und von der inneren Seite des Hüftbeines und setzt sich an den Troch. minor. Er drückt den Schenkelkopf gegen das Becken, beugt Becken und Lenden gegen einander und rotirt den Schenkel. Seine Sehne ist fest vereinigt mit dem Iliacus.

Psoas minor. Er ist ein langer, schmaler, strangartiger Muskel und entspringt von der Seite der vier unteren Rückenwirbel und heftet sich mit einer langen, breiten und festen Sehne an die äussere Seite des Beckens, an die Tuberositas ilio pectinea und linea arcuata. Er drückt das Becken und Rückenwirbel gegen einander.

Pectinaeus (Fig. X. 13, Fig. IX. 3, Fig. VIII. 6). Ein sehr starker Muskel. Er entspringt von der Tub. ilio pectinea, erhält aber auch Fasern von der Sehne des Obliq. abd. Er steigt median von dem Iliopsoas am Schenkel herab und breitet sich mit starker Sehne über die innere Seite der ganzen oberen Hälfte des Femur aus. Er adducirt und beugt den Femur.

Adductor I. Median von diesem, sitzt breit an dem Horizontalast des Schambeines und steigt, sich abrundend, herab und heftet sich mit platter Sehne, median vom Sartorius, an das untere Drittel des Femur. Er adducirt noch mehr als der vorige und beugt den Schenkel.

Adductor II. (Fig. IX. 7, X. 14) liegt unter und neben dem vorigen. Er entspringt gleichfalls von der vorderen Fläche der pars horizontalis und im Winkel zwischen dieser und der Pars descendens. Ein grosser, starker Muskel. Er setzt sich hinter den Pectinaeus und Iliacus längs der oberen Hälfte des Femur, in breiter, schräg absteigender Fläche an dessen hintere Seite. Er adducirt und streckt den Femur. Zwischen Pectinaeus und diesem Muskel läuft Art. und Nerv. craralis.

Adductor III. (Fig. IX. 9), lateral und nach hinten mit dem vorigen, an seinem Ursprung mit dem folgenden Semimembranosus und dem Biventer I verwachsen. Vom Ischium kommend, setzt sich dieser Muskel ganz unten und hinten (über dem Condylus internus, unterhalb dem Adductor I) an den Femur. Dieser Muskel ist ein Strecker des Hüftgelenkes.

Semimembranosus (Fig. IX. 8) hinter dem vorigen, ist in grosser Ausdehnung an den ramus descendecus pubis bis zum Tuber Ischii angeheftet. Er setzt sich, schmäler werdend, mit runder Sehne an die innere Seite der Tibia über dem Gracilis. Er beugt das Knie und rotirt den Unterschenkel etwas.

Zu den Muskeln der Hinterseite des Beckens übergehend, finden wir hier die schon betrachteten Hüllenmuskeln, nämlich von der Mediane nach der Laterale fortschreitend, den Semi tendinosus, Biventer I und Biventer II. Der Nervus ischiadicus verläuft oben zwischen den beiden ersten, unten jedoch am Femur zwischen Semitendinosus und Biceps II.

An der äusseren Seite des Beckens liegen nun gleichfalls die schon betrachteten Hüllenmuskeln, nämlich Glutaeus max. und Tensor fasc.

Es bleibt uns nun übrig, die tiefen Beckenmuskeln zu betrachten.

Glutaeus medius (Fig. XI. 2), ein sehr starker Muskel. Er nimmt die vordere Hälfte des Hüftbeines ein und heftet sich mit starker Sehne an den Trochanter major und steigt vorn ein Stück weit an ihm herunter. Er abducirt und rotirt den Schenkel.

Pyriformis (Fig. XXI. 10), bedeckt von jenem, verhält sich wie bei dem Menschen. Er rotirt den Schenkel. Unter ihm tritt der Nerv. ischioticus aus dem Becken.

Quadratus femoris kommt aussen von der äusseren Fläche des Sitzbeines und unterhalb dem Pyriformis an die obere hintere Seite des Trochanter. Er liegt mit seiner Sehne hinter der Sehne des Glutaeus medius und neben und über der Sehne des Adductor II, sowie hinter dem Obturator externus. Er rotirt den Schenkel nach hinten. Er ist ein verhältnissmässig grosser Muskel.

Obturator externus. Kommt vom Lig. obturatorium und von dessen Knochenrahmen und setzt sich innen an den Trochanter. Er ist ein starker Muskel und rotirt den Schenkel nach vorn.

Rectus femuris (Fig. VIII. 7, IX. 6, 7) steigt zwischen Iliacus und Glutaeus medius von der Spina ant. infer. über die Pfanne des Becken herunter. Im Herabsteigen nimmt er die Vasti, welche, weniger getrennt, die vordere Fläche des Schenkels besetzt halten, auf und geht mit ihnen an die Patelle. Er beugt die Hüfte und streckt das Knie.

Muskeln an der Hinterseite des Unterschenkels und der Fusssohle.

Gastrocnemii (Fig. XIV. 1). Zwei dünne Muskeln, welche vom unteren Drittel beiderseits oberhalb der Condylen des Femur entspringen und getrennt mit langen Sehnen an die Calx gehen und zwar so, dass der mediane Muskel an die laterale, der laterale Muskel aber an die mediane Seite der Calx sich anheftet, so dass also eine Kreuzung stattfindet.

Soleus entspringt an der hinteren Kante und inneren Seite der Fibula in ihrer ganzen Länge von oben bis unten. Er ist ein langer, breiter Muskel. Seine median liegende Sehne verbindet sich über der Ferse mit der Sehne des Gastrocnemius, welche sich an die laterale Seite der Calx befestigt.

Poplitaeus kommt von einem Knochenkern am Condylus extern. femor. und breitet sich fächerförmig am medianen Rand der Tibia aus.

Flexor digitorum com. longus (Fig. XVII. 2) liegt unter dem vorigen und vor dem Soleus. Entspringt von der Fibula und dem lig. interosseum in ganzer Länge, sowie von der unteren Hälfte der Tibia. In der oberen Hälfte ist er vom Fleische des Tib. posticus nicht zu trennen. Er steigt unter einem Band, welches zwischen der Calx und dem proc. longus der Cuneiforme I liegt, hinter dem inneren Knorpel als eine breite Sehne in die Fusssohle. Mit der noch ungetrennten Sehne verbindet sich die Sehne des Tibialis anticus. Nun entspringen nach der Vereinigung von dieser Sehne zwei Lumbricales, welche sich an die Phalanx I ansetzen. Dieser Muskel flectirt die Zehen, zieht aber auch das Sprunggelenk plantarwärts.

Tibialis post. entspringt von der ganzen hinteren Länge der Tibia. Er geht in starken Sehnen hinter den langen Fortsatz der Cuneiforme I in die Fusssohle und heftet sich quer nach aussen gehend an die innere Seite des Calcaneus. Er flectirt und supinirt den Fuss.

Flex. digit. brevis (Fig. XVI. 2). Es sind drei Muskelkörper, zwei von diesen entspringen an der Ferse und gehen an die zweite Phalanx der zweiten und dritten Zehe, der dritte entspringt von dem langen Fortsatz am Cuneiforme I (b) und geht an die erste Zehe.

Caro quadrata (Fig. XVII. 1.). Ein fleischiger, dicker Muskel; er geht an die vereinigten Sehnen des Flex. dig. longus und Tibialis anticus. Er entspringt von der unteren Fläche des Calcaneus.

Interossei interni entspringen am Tarsus und Metatarsus und gehen an die erste Phalanx. Der eine liegt zwischen der zweiten und dritten Metatarsus und adducirt die zweite Zehe, der andere zwischen dem dritten und vierten Metatarsus und adducirt die vierte Zehe.

Muskeln an der Vorderseite des Unterschenkels und des Fussrückens.

Tibialis anticus (Fig. XV. 1, XVI. 2, XVII. 3) liegt auf der lateralen vorderen Fläche der Tibia. Er entspringt von der Tibia und Fibula, sowie vom Lig. interosseum in ganzer Länge. Er schlingt sich mit seiner Sehne um die innere Fusssohle und heftet sich an die Sehne des Flex. dig. longus. Seine untere Abtheilung (I*.) aber geht fleischig denselben Weg, heftet sich aber an den Daumenstummel. Dieses Gegenstück des Flex. digit. flectirt dorsal und supinirt.

Extensor communis longus (Fig. XV. 2) liegt lateral von dem vorigen und ganz zur Seite gedrängt. Er entspringt, mit dem vorigen in ganzer Länge vereinigt, von der Fibula und vom Condylus ext. femor. Er heftet sich, mit dem Extens. brevis vereinigt, an die Zehen.

Extensores breves. (Fig. XV. 4) entspringen an dem Tarsus und den Metatarsen und heften sich an die Sehne des Extens. longus.

Peronaeus secundus entspringt mit dem Extensor longus in ganzer Länge von der Fibula und dem Condylus externus femoris und heftet sich an den Metatarsus quintus. Er beugt dorsal und pronirt.

Peronaeus longus (Fig. XIV. 4). Liegt aussen neben ihm. Er hat dieselben Ursprungsstellen, nur mehr lateral. Er geht durch die untere Rinne der Fibula, schlägt sich um den lateralen Fussrand in die Sohle und heftet sich an die mediane Seite des Tarsus, an Metatarsus II und III. Er pronirt.

Interossei externi. Es giebt deren vier, welche, vom Tarsus und Metatarsus entspringend, an die erste Phalanx gehen. Der Inteross. zwischen dem Metatarsusstummel des Daumens und seinem Nachbar abducirt die zweite Zehe. Zwischen zweitem und drittem Metatarsus abducirt die dritte Zehe; zwischen drittem und viertem die dritte Zehe und zwischen viertem und fünftem die vierte Zehe.

Aus dem Leben des Choloepus.

M. de Buffon sagt in seiner Schilderung über die Bewegung des *Unau* (Histoire naturelle 1765, Tom. 13, p. 49): Seine Beine scheinen weder zum Stehen noch zum Gehen gemacht zu sein, sondern nur zum Anhalten und sich etwa hier oder da anzuklammern. Wenn der *Unau* auf seinen Beinen ruhet, so liegen das Handgelenk und die Ferse auf der Erde, der Vorderarm ist schräg nach vorn gerichtet und der Ellenbogen ist nicht viel über die Erde erhaben; das eigentliche sogenannte Bein ist gebogen und macht nach den Schenkel einen geraden Winkel, so dass der Untertheil des Kreuzes allezeit niedriger als das Knie ist. Der Gang dieses Thieres ist ungemein gezwungen. Wenn es einen Schritt thun will, so setzt es das Vorderbein nicht vorwärts, sondern lässt blos den Fuss fortgleiten, ohne die Zehen auszustrecken; die Klauen bleiben hinterwärts gebogen und der Fuss stützt sich blos auf die Convexität und auf das Fussgelenk, ohne dass die Sohle die Erde berührt. Diese Bewegung geschieht nicht gerade nach vorn, sondern ein wenig nach aussen. Das Hinterbein und der Hinterfuss sind noch weiter ausgebreitet, so dass der Fuss einen Zirkelbogen beschreibt, wenn das Thier ihn vorwärts setzen will, und während dieser Bewegung bleiben die Klauen, sowie die an den Vorderfüssen, hinterwärts gekehrt, indem der Fuss blos auf ihrer convexen Seite und auf der Ferse trägt, ohne dass die Sohle an die Erde kommt. Das Thier ging geschwinder als die Schildkröte und sein Gang kam mit dem Gehen der Fledermäuse überein.

Es kommt dem *Unau* weit leichter an, zu klimmen und sich in der Höhe irgendwo anzuhängen. Alsdann streckt er die Klauen von sich und bedient sich ihrer als Haken. Da seine Klauen lang, krummspitzig sind, so macht es ihm wenig Mühe, sich anzuhängen, daher er diese Stellung vorzüglich liebt. Um zu ruhen, hängt er sich zur Hälfte auf, indem er sich auf den Hintern setzt und sich mit den Vorder- und Hinterfüssen in einer kleinen Höhe anklammert, um dadurch seinen Leib in senkrechter Stellung zu erhalten. In dieser Stellung bringt er die Nacht zu. Hätte er keinen Gegenstand, an den er sich anklammern könnte, so wäre es ihm unmöglich, den Leib aufrecht zu halten. So leicht ihm das Klettern wird, so schwer wird ihm jede andere Ortsbewegung. Mit den Vorderfüssen packt der *Unau*, gleichwie mit einer Hand, an und bringt seine Nahrung zum Mund. Die zwei Finger und die zwei Klauen trennen sich nicht, sondern strecken und biegen sich zugleich. Die meiste Zeit hing sich das hier besprochene Thier an dreien seiner Füsse auf und frass mit dem vierten, so dass der Kopf abwärts hing (Taf. I, p. 58).

Der Schilderung (Der Zoologische Garten, Jahrgang XIV, p. 126) des Dr. M. Schmidt, Director unseres Zoologischen Gartens, entnehme ich folgende Mittheilungen über den *Unau*: Gewöhnlich hockt das Thier mit stark gegen die Brust gesenktem Kopfe bewegungslos in dem Heu, welches den Boden seines Käfigs bedeckt, so dass es einen unförmlichen Haarballen darstellt. Mit zwei Füssen, einem Hinter- und einem Vorderfusse einer und derselben Körperseite, klammert es sich an einen Ast seines Kletterbaumes. — Bei dem wiederholten Erwachen aus seinem langen Schlafe erhebt sich der Kopf, reckt sich ein Arm aus dem unförmlichen Haarbündel hervor, fasst einen Ast des Baumes und zieht nun langsam den Körper nach, wobei nun allmählich auch die übrigen Extremitäten in Thätigkeit kommen; endlich hängt das Thier mit allen Vieren, den Rücken abwärts gewendet, an den Aesten seines Kletterbaumes. Höchst interessant ist die Richtung der Haare, weil sie beweist, dass hier nicht, wie bei anderen Thieren, der Rücken, sondern der Bauch meist oben zu sein pflegt. Es finden sich nämlich Haarwirbel in den Beugeseiten der Beine in der Gegend der Fuss- und Handwurzelgelenke, und von hier fallen die langen Haare in der Richtung gegen den Rumpf ab. In der Mittellinie des Bauches ist ein förmlicher Scheitel der ganzen Länge nach, von welchem die Haare seitlich gegen den Rücken hinlaufen. Von dem Nacken, den Schultern und dem Kreuze her sind sie ebenfalls gegen die Mitte des Rückens gerichtet, während sie auf diesem selbst senkrecht stehen. — Bei dem Einhaken mit seinen langen Krallen an den Aesten lässt sich wahrnehmen, wie besonders beweglich die einzelnen Gelenke seiner Gliedmaassen sind, so dass die Beine an Ketten mit langen Gliedern erinnern. — Die Aufnahme der Nahrung, welche in einer Schüssel am Boden des Käfigs aufgestellt ist, giebt Gelegenheit, zu zeigen, dass die auffallende Fähigkeit zu Verdrehungen nicht nur den Extremitäten, sondern auch der Wirbelsäule eigen ist. Um sich zum Futtertopfe zu begeben, besteigt das Thier in der Regel zunächst seinen Baum und klettert an demselben wieder soweit herab, dass es mit beiden Hinterbeinen aufgehängt bleibt, mit den Vorderfüssen dagegen auf den Boden gelangt. Hier wendet es sich in der Weise um die Achse seines Körpers, dass der Bauch nach oben gerichtet ist, die Brust dagegen abwärts gekehrt wird. In anderen Fällen hängt es sich wohl auch ganz dicht über den Futtertopf auf, dreht nur den Hals um seine Achse und nimmt in dieser Stellung seine Nahrung.

Zum Schluss.

Lemur und Choloepus.

Tabelle I—IV.

Ueberblicken wir den Bau der beiden Thiere, nachdem wir ihre Lebensweise kennen gelernt, so sehen wir bei *Lemur* einen kurzen, die Länge der Lenden nicht übertreffenden Brustkorb, dessen mit langen Rippenknorpeln versehenen fein gebauten Rippen ziemlich steil nach unten abfallen. Die 12 Brustwirbel sind im Körper und Bogen schmal, haben kräftige nach hinten aufsteigende Dornen. — Diesem gegenüber steht der *Unau*, dessen Brustkorb sehr lang ist und aus 23 breiten, flach von der Wirbelsäule abgehenden kräftigen Rippen gebildet wird. Seine Länge übertrifft die der Lenden sechsmal und seine letzte Rippe endet bald an der Spina des Beckens. Der Thorax ist wegen mangelnden Rippenknorpeln vorn schmal, wird aber nach hinten von den falschen Rippen an nach und nach sehr breit. — Die Wirbelkörper sowie ihre Bogen sind breit und haben kurze nach hinten gerichtete Dornen.

Der *Lemur* hat 7 Lendenwirbel mit langen Körpern und Bandstücken, mit langen kräftigen nach vorn aufsteigenden Dornen und ebensolchen Gelenkfortsätzen, sowie Querfortsätze, welche breit, aber nach vorn und unten geneigt sind. Zwischen diesen hohen Fortsätzen laufen in den Lenden zwei Furchen; eine laterale und eine mediane. Ebensolche Furche liegt auf dem Kreuzbein zwischen den hohen Dornen und dem Hüftbein. Das Becken ist lang und schmal. Das runde Acetabulum trägt ein lig. teres. — Ganz anders ist *Choloepus* gebaut. Hier sind nur drei Lendenwirbel mit etwas niederen Körpern und Bandscheiben. Die Dornen sind gleich denen der Rückenwirbel niedrig und nach hinten, nicht wie bei *Lemur* nach vorn gerichtet, die Gelenkfortsätze erheben sich auch nicht weit aus der Fläche, die zwischenliegenden Furchen sind daher flach. Ebenso ist es auf dem breiten, dornlosen, mit flach liegenden Hüftbeinen versehenen Becken. Die Tiefe des Beckens in gerader Richtung, von dem weit vorstehenden Schambein zu dem Schwanzbein, ist überaus gross.

Gehen wir zu den Bewegungen am frischen Skelet des *Choloepus* über. Die ventrale Beugung ist sehr bedeutend. Die 40 cm lange Wirbelsäule bildet in der grössten Beugung einen Bogen, dessen Sehne 16 cm beträgt. Die Pfeilhöhe findet sich am 15. Rückenwirbel und beträgt 16 cm. — Aber auch die laterale Beugung ist in den Rückenwirbeln stark. Hier lässt sich ein fast gleichmässiger Bogen bilden, dessen Sehne 26 cm und dessen Pfeilhöhe 14 cm beträgt. Eine dorsale Beugung findet sich nur im Hals, dem hinteren Theil der Brustwirbel und den Lenden. — Am stärksten ist aber die Torsion. Zwischen dem ersten Brustwirbel und dem Becken lässt sich die Wirbelsäule ohne Mühe auf 180° bringen. — Bei dem *Lemur* sind die Excursionen weniger ergiebig. Laterale Beugung ist nur in der Brust, nicht in den Lenden, dorsale mehr in der Brust aber durchaus keine in den Lenden. Beugung der Lendenwirbel in ventraler Richtung ist ziemlich ergiebig. Die Torsion, welche nur in dem Brustwirbel vorkommt, beträgt circa 90°.

Der Schwerpunkt bei *Choloepus* (des abgebalgten Thieres) fiel in den 13. Rückenwirbel, bei *Lemur* fällt er in die Gegend des 10.—11. Rückenwirbels.

Nach Betrachtung des Rumpfskelettes beider Thiere, sehen wir in dem langen Thorax, den so sehr kurzen Lenden, den breiten zahlreichen Rückenwirbeln mit nach hinten gerichteten Dornen, mit den breiten Rippen, nicht blos Aehnlichkeit mit dem Bau des *Megatherion*, sondern auch in Obigem mit dem *Pachydermen*, *Elephas*, *Mastodon*, *Rhinoceros*, *Hippopotamus* etc. Uebereinstimmung. Doch aber zeigt *Choloepus* nach jeder Richtung die so sehr grossen Excursionen innerhalb des Rumpfes, welche jenen Thieren jedenfalls abgehen. — Der *Lemur* dagegen, der in seinem Rumpfskelet sehr viel Aehnlichkeit mit den Raubthieren, den Marder, den Katzen hat, steht in den Excursionen der auf den Rumpf beschränkten Bewegungen dem *Choloepus* weit nach.

Sehen wir uns nun nach den Muskeln um, die bei diesen Bewegungen besonders in Anspruch genommen werden.

Bei *Choloepus* ist der Extensor dorsi breit und flach und zieht sich ziemlich gleichmässig von dem flachen Becken an, über den Rücken hin. Durch die mangelnden tiefen Sulci und die niederen Muskelfortsätze erhält der Extensor dorsi keineswegs günstige Hebelansätze. Er ist zwar im Stande in den Lenden und den hinteren Brustwirbeln den Rücken dorsal zu biegen, aber nicht im Stande, den ganzen Rumpf von hinten aus aufzurichten. Anders ist es mit den Bauchmuskeln. Diese sind weit kräftiger, als der Extensor dorsi. Denn während diese Muskeln 48 gr wiegen, hat der Extensor dorsi nur 34 gr. Hierbei haben wir noch zu berücksichtigen, dass der Rectus abdominis vom Knorpel der 4. bis zur

12. Rippe zum Becken herabsteigt und der Obliq. externus von der 7.—23. Rippe entspringt und mit seinen Muskelfasern, gleich dem internus den Rectus einhüllt. Endlich aber müssen wir die grosse Ausdehnung der Symphyse gegen die Bauchseite hervorheben, da durch dieselbe alle diese Muskeln die günstigsten Angriffspunkte an Brust- und Wirbelsäule erhalten. Hier also überwiegen die ventralen Muskeln.

Ganz anders verhält es sich bei dem *Lemur*. Hier findet der Extensor an den langen nach vorn gerichteten Dornen, Gelenk- und Querfortsätzen günstige Hebel, während er aus tiefen Furchen kräftig am Bogen des Kreuzbeines und der Lendenwirbel entspringt. Die Lenden lassen keine dorsale Beugung zu, um so mehr bilden sie in ihrer Gesammtheit einen Stab, an welchem der Vorderrumpf in die Höhe gehoben werden kann. Hier wiegt der Extensor dorsi 39 gr., die Bauchmuskeln aber nur 25 gr., der Ilio. psoas aber 10 gr.

Bei	*Vulpes* wog	der Ext.	dors.	229 gr	die	Bauchmuskeln	81 gr
»	*Meles taxus*	»	»	155 gr	»	»	120 gr
»	*Chiromys*	»	»	53 gr	»	»	31 gr
»	*Felis cat.*	»	»	85 gr	»	«	70 gr

Wenn wir nun zu den Extremitäten übergehen, sehen wir, dass, wie der Rumpf des *Cholocpus* plump war, die Extremitätenknochen sich ebenso verhalten. Die Diaphysen der Röhrenknochen sind gross und massig aber unförmlich und ebenso sind die Epiphysen, ich möchte sagen gleichsam wie in Umrissen dargestellt, ohne eine Modellirung, ohne Ecken, Ränder und Kanten. Die Bandapparate und Gelenkkapseln sind wohl kräftig und gut entwickelt, aber das scharfe Gepräge fehlt, daher kommt es denn auch, dass die Excurse so vielseitig sind und an der Leiche mit leichter Mühe, fast gegen die ausgesprochene Form des Gelenkes, bewegt werden können.

Alles dieses ist bei dem *Lemur* anders. Das Skelet ist schon in allen seinen Theilen leichter und die Knochen und Fortsätze bestimmter ausgewirkt. Während nämlich das Rumpfskelett nebst Schädel bei *Cholocpus* weit schwerer als bei *Lemur* ist (262 gr gegen 145 gr) und die Extremitäten im Verhältniss zu dem Rumpf ($^{263}/_{112}$) den Quotienten 2,3 beim *Cholocpus*, bei dem *Lemur* aber ($^{145}/_{56}$) 2,5 geben, so zeigt die Vorderextremität zum Rumpf bei *Cholocpus* den Quotienten 4,3 und die Hinterextremität 5,0. Dagegen aber gibt die Division beim *Lemur* für die Vorderextremität den Quotienten 6,3, für die Hinterextremität aber 4,1. Hier sehen wir also, dass die Vorderextremität beim *Cholocpus* schwerer, beim *Lemur* aber leichter als die Hinterextremität ist. Die Längenverhältnisse beider Extremitäten stimmen hiermit überein, denn aus den Tabellen II—IV ergiebt sich, dass die Vorderextremitäten des *Cholocpus* 38 mm länger als die Hinterextremitäten und ebenso dass die Muskeln der ersten um 39 gr schwerer sind als die der letzteren. Bei dem *Lemur* ist dagegen die Vorderextremität um 65 mm kürzer und ihre Muskeln sind um ca. 30 gr leichter als die der hinteren. Ein gleiches finden wir bei folgenden Thieren

	Inuus	*Vulpes*	*Felis catus*	*Chiromys*
Muskeln der Vorderextr.	303 gr	217 gr	288 gr	133 gr
» » Hinterextr.	538 gr	427 gr	347 gr	206 gr

Allein noch Eins müssen wir ganz besonders hervorheben. Wie wir aus der Schilderung des lebenden *Choloepus* gesehen, so bewegt sich dieser gerade umgekehrt wie der *Lemur*. Bei letzterem tragen die Extremitäten den Rumpf, bei ersterem aber hängt der Rumpf an den Extremitäten und ist immer nach unten gerichtet. — Die Schilderung der Reisenden über die Fortbewegungsart an horizontal oder schräg laufenden Aesten mit dem Körper nach unten wird auch, wie wir gesehen, schon durch den Strich der Haare bestätigt. Doch gehen wir zur Betrachtung der Extremitäten im Einzelnen bezüglich zu dieser verschiedenen Bewegungsart über.

Die verschiedene Lage des Schulterblattes stimmt vor allem mit der so ganz veränderten Körperlage beider sich bewegenden Thiere überein. Beim *Lemur* wird der Vorderrumpf an dem oberen Rande des Schulterblattes durch die Muskeln getragen, wobei die Crista als der festeste Theil senkrecht steht. Der *Unau* dagegen hängt mit erhöhtem Vordertheil an Armen und Beinen. Hier haben die Muskeln des Schulterblattes für ihre Muskelfasern durch die schrägliegende Crista den günstigsten Angriff. — Auch das durch Bandsubstanz mit der Crista verbundene Akromion scheint für das Hängen des Thieres oder für eine ausgiebige Excursion des Armes nach oben von Bedeutung zu sein. Die Tabelle I zeigt uns auch, dass die Bewegungen in dem Schultergelenk in jeder Richtung freier sind als bei dem *Lemur*.

Beginnen wir mit der Vorderextremität. Wir haben gesehen, dass das Schulterblatt des *Lemur* seine grösste Ausdehnung von der ventralen nach der dorsalen Seite hat, während bei *Choloepus* sie parallel der Wirbelsäule läuft; ferner dass die Crista scapulae nicht senkrecht wie bei *Lemur* auf die Gelenkfläche stösst, sondern schräg an ihr vorbei geht.

Diese Gestalt der Scapula ermöglicht, dass, da der Rückentheil des Thorax bei *Choloepus* gerundet, der des *Lemur* aber steiler absteigt, bei ersterem die Schulter sich mehr frontal legen kann und nicht sagittal liegen muss wie bei *Lemur*. Ferner scheint die Freiheit des Schultergelenkes durch die ziemlich lange Knorpelhaft am Manubrium erhöht zu werden. Das stete Hängen des Thieres an den Armen scheint aber auch, neben dem Mangel der Rippenknorpel, auf den vorn zugespitzten Thorax nicht, ohne Einfluss.

Da nun aber das Schulterblatt mehr frontal liegt, die Axe des Humeruskopfes aber zur

Axe des Ellenbogens nach aussen einen Winkel von 13,5° macht, so ist es erklärlich, warum der Unterarm nach aussen gewendet ist und da dieses Gelenk, dessen Axe lateral tiefer liegt sich nach vorn und aussen öffnet, so wendet sich der gebogene Unterarm nach oben und aussen. — Ferner hat der Humeruskopf eine Gelenkfläche, welche schmal ist aber die beiden Tubera überragt, hierdurch wird die Extension in dem Umfang der Bewegung nach oben vielseitiger. — Bei dem *Lemur* aber, bei welchem der Kopf viel breiter und die Tubera in gleicher Höhe mit ihm stehen, wird dem senkrecht stehenden Schulterblatt nur eine weit grössere Stütze beim Stehen zu Theil.

Auch das Ellenbogengelenk des *Choloepus* mit der kümmerlichen Ausbildung seines Proc. cubitalis und hinteren Grube, ebenso die *Ulna* mit der weiten und schmalen fossa sigmoidea und den dürftigen Fortsätzen kann, wiewohl mit starken Bändern umhüllt, auch nicht geeignet sein zum Tragen der Körperlast. Ganz anders ist es bei dem *Lemur*. Hier ist alles streng gefügt und scharf an einander gepasst, der proc. cubitalis steht hier mit seiner Queraxe in einem rechten Winkel zur Längsaxe des Humerus, und bildet also nicht wie bei *Choloepus* mit der Längsaxe des Oberarms einen Winkel nach Aussen (19°). Daher liegt bei der Beugung der Vorderarm des *Lemur* auf dem Oberarm, und nicht lateral neben ihm. Während die Excursionen der Flex. und Extens. bei beiden Thieren ziemlich gleich sind, prävalirt der *Choloepus* in der Rotation mit 216° gegen 88° des *Lemur*.

Kommen wir nun zur Hand. Dieses Organ beider Thiere ist so sehr verschieden, dass man, um es zu vergleichen, vorhergegangene Schilderung nur wiederholen müsste. Es möge daher Folgendes genügen: Bei *Choloepus* liegt die Axe des Carpalgelenkes tiefer auf der Radialseite als auf der Ulnaren, wodurch der Metacp. ulnaris sowohl in der dorsalen als auch volaren Flexion in einem Winkel zur Längsaxe des Vorderarmes steht. Ferner besitzt die *Ulna* statt eines proc. styloid. eine fast ebene Fläche, auf der, nur bei der Rotation, das wenig gewölbte Triquetrum unmittelbar sich bewegt. Die Kapsel und Bänder für den Carpus sind sehr dick und stark. Weiter wäre nun hier noch zu erwähnen, dass die ersten Phalangen allein durch ihre Kürze und ihre starken Sehnenknochen zu einer kräftigen und vollkommenen Beugung der Finger besonders geeignet sind. Dass aber diese auch hier stattfinden muss, beweisen die tiefen Furchen (die Spuren der Sehnen der Flexoren) an der volaren Seite der Phal. II. Die Schmalheit der ganzen Hand, die mangelnden Capitula der Metacarpen, sowie die langen Krallennägel sind Beweise genug für die Unfähigkeit, dem Körper geeignete Stützpunkte abgeben zu können. — Ganz anders ist es mit dem *Lemur*, der mit seinem senkrechtstehenden Schulterblatt, mit seinem scharfgeprägten Ellenbogengelenk und mit seiner breiten Hand sowohl zum Tragen des Körpers als auch zum Klettern geeignet ist. —

Betrachten wir nun die Muskeln an Schulter und Oberarm, so zeigt sich die grösste Verschiedenheit zwischen beiden Thieren. Während *Lemur* die typischen Bildungen zeigt, finden wir bei *Choloepus* folgendes: Vor allem ist der Pectoralis gross und mächtig. Seine erste Abtheilung vereinigt sich an dem unteren Theil des Oberarmes, mit Biceps und Deltoideus, geht an den Radius und verläuft in der Fascie des Vorderarms. Die zweite Abtheilung von der ganzen Länge des Brustbeines kommend, tritt von oben bis in die Hälfte des Humerus. Die dritte Abtheilung geht oben an den Humerus. — Ebenso ist es mit dem Deltoideus, welcher bis an den Vorderarm herabsteigt und sich mit Biceps, Brachialis und Pectoralis in Verbindung setzt und an Ober- und Unterarm sich ausbreitet. Ferner der Latissimus dorsi, der über den ganzen langen Rumpf heraufsteigt und noch einen Fortsatz an den Arm giebt.

Schon die Gewichtsverhältnisse der Muskeln zeigen uns, dass die Muskeln bei *Lemur* ganz verschieden von den vorhergehenden sein müssen. Während nämlich die Bäugemuskeln Latissimus, Pectoralis, Pronator teres dreimal, wie uns die Tabelle II zeigt, und der Supinator longus fünfmal schwerer sind, so übertrifft der dreiköpfige Strecker des kleinen *Lemur* den Trinceps des *Choloepus* und der Deltoideus des ersteren den des letzteren um das Dreifache. Auch der Biceps und der Brachialis ist bei dem *Lemur* stärker.

Die Extensoren des Carpus und der Finger wiegen bei *Choloepus* 12 gr, bei *Lemur* 7 gr, die Flexoren aber bei ersterem 31 gr und bei letzterem 8 gr. Diese sind also bei *Choloepus* mehr als doppelt so schwer als ihre Antagonisten, während bei *Lemur* sich beide gleich bleiben.

Schliesslich muss noch rücksichtlich der Excursionen der Gelenke bemerkt werden, dass nicht allein die Charnierbewegungen, sondern ganz besonders auch die der Rotation und Arthrodie der Vorderextremität des *Choloepus* die des *Lemur* weit übertreffen.

Was wir über die Knochen und Gelenkbildung des *Choloepus* bei der Vorderextremität gesagt haben, das gilt auch für die Hinterextremität. Die Bildung steht auch hier im grössten Contrast mit dem *Lemur*.

Schon die Länge der Vorderextremität und das Gewicht ihrer Muskeln bei *Choloepus* spricht dafür, dass dieser die Hauptaufgabe bei dem Fortkommen zufällt. Anders ist es bei dem *Lemur*, hier ist es die Hinterextremität, welche mehr als die Vordere in Anspruch genommen wird und daher auch in der Länge und dem Gewicht der Muskeln der Vorderextremität gegenüber prävalirt.

Das Hüftgelenk des *Choloepus* zeichnet sich durch seinen stark nach vorn aufgerichteten Gelenkkopf und das Analogon eines Lig. ilio femorale sowie durch den Mangel des

Lig. teres aus. Jenes Ligament ist ein Hemmungsband für eine völlige Streckung. Hier steht dann das Knie nach aussen und lässt weder Rotation noch Ab- und Adduction zu, welche Bewegungen doch sehr ausgiebig in der Beugung stattfinden. Der Winkel zwischen Strecken und Beugen giebt 130°, wovon 90° auf letzteres fällt.

Das Kniegelenk ist ausgezeichnet durch die ausführlich oben schon angegebenen Bildungsverhältnisse der kräftigen Kapsel. Der Winkel zwischen Beugung und Streckung beträgt 140°. Bei der Beugung liegt der Unterschenkel median vom Femur, bei der Streckung bildet er mit demselben einen Winkel auf der lateralen Seite.

Noch sei vom *Choloepus* bemerkt, dass während die Flexions-Axe des Schenkelkopfes mit den Condylen einen Winkel von 20° macht, der Winkel zwischen dem Kniegelenk und dem oberen Sprunggelenk 5° beträgt. Bei dem *Lemur* zeigt jedoch der Winkel zwischen Hüft- und Kniegelenk 1° und zwischen Knie- und Sprunggelenk 15°.

Was nun den Fuss des *Choloepus* betrifft, so sei nur erwähnt, dass der Tarsus und Metatarsus eine supinirte Stellung gegen die zwei hinteren Tarsusknochen hat, dass diese Supination nun aber noch vermehrt werden kann in dem oberen, bedeutender noch in dem unteren Sprunggelenk. Die Pronation ist weit geringer. Wenn die in sagittaler Richtung einen Halbkreis bildende, in frontaler Richtung aber schmale gleichmässig gewölbte Talusrolle sagittal gestellt ist und ihre Queraxe plantare und dorsale Flexionen macht, so geht der Fuss mit seinem inneren oder äusseren Rand auf und nieder. Wenn aber die Drehung in frontaler Richtung um die von hinten nach vorn liegende Axe geht, dann entsteht Pronation mit Abduction oder Supination mit Adduction. (Vid. Oben.)

Diese Bewegungen sind bei dem Fusse des *Lemur* zwar auch vorhanden, allein, wie Tabelle 1 zeigt, weit weniger ausgiebig. Hier wie bei *Inuus* ist die supinirte Stellung der vorderen Tarsalen zu der Calx und Tarsus nicht in solchem Grade vorhanden, die Talusrolle ist vornen breit, nur nach hinten sich verschmälernd und nicht so radförmig, auch die Gelenkfläche zwischen Tibia und Fibula nicht so weit. Hier kann, wie ich oben bei der Bewegung im Sprunggelenk beim *Lemur* auseinander gesetzt, der Fuss sowohl sich in Supination, als auch mit der Planta horizontal stellen. Beim Orang, aber noch weniger beim *Choloepus*, kann letzteres geschehen. Wenn daher der *Choloepus* durch die Supination und das seitliche Umgreifen der Aeste zum Klettern ganz besonders geeignet ist, und die Vierhänder durch ihren Daumen der Hinterhand entschädigt werden, so ist doch *Choloepus* durch die Form seines Sprunggelenkes gar nicht geeignet, auf dem Boden sich zu bewegen. Wenn nun auch der Fuss des *Unau* durch seine drei Metatarsen (von denen freilich keine die Dicke und Stärke des äusseren Metacarpen erreicht) eine breitere Basis als seine Hand erhält, so wissen wir jedoch aus der Schilderung des lebendigen Thieres, dass es sich zuweilen an den Beinen aufhängt, um die Vorderextremität zur Aufnahme von Nahrung zu benutzen. Daher finden sich denn auch an dem Tarsus und den Phalangen dieselben Eigenthümlichkeiten, wie an den Metacarpen etc. Die auch hier kurze Phalanx I wird auch dem Fusse die Eigenschaft geben, einen enggeschlossenen Kreis zwichen den hakenförmigen Krallen und der Calx zum Umklammern der Aeste zu bilden.

Betrachten wir nun die Muskeln, so finden wir die Verschiedenheit zwischen den beiden Thieren noch grösser als an der Vorderextremität. Da nimmt bei *Unau* der Sartorius und der Gracilis seinen Ursprung von dem Obliquus externus (eine Wahrnehmung, die ich schon bei der Robbe gemacht). Da ist der eigenthümliche Pubo-Fibularis, der von der Symphyse zur Fibula mit dem Semitendinosus sich kreuzend geht. Dann die getrennten und beim Ansatz an der Calx sich kreuzenden Gastrocnemii. Ferner die Verbindung des Flexor digitorum mit dem Tibialis anticus. Endlich aber ist, um nur noch eine Bildung eigenster Art hervorzuheben: Der starke und mächtige Biventer II und seine fascienartige Ausbreitung über alle Muskeln an der Hinterseite des Unterschenkels zu erwähnen.

Wie an der Vorderextremität des *Choloepus* durch ihre Gewichtsverhältnisse die Flexoren und Rotatoren prävalirten, so ist es auch hier. Das so sehr breite und so überaus tiefe Becken gibt dem an seinem unteren weiten Umfang entspringenden und aus verschiedenen Richtungen in der Umgebung des Knies sich anhaftenden Muskeln die günstigsten Angriffspunkte. Namentlich ist der Sartorius und Gracilis durch ihren weit vorgeschobenen Ansatz aus Obliquus externus und der Beckensymphyse sehr günstig gelagert zum Aufziehen des hängenden Rumpfes. Ebenso verhält es sich mit dem von hinten kommenden Biventer und Semimembranosus etc. Dienen aber diese Muskeln der Flexion, so wirken sie auch als Rotatoren und namentlich ist dieses bei den sich kreuzenden Pubofibularis und Semitendinosus der Fall. Doch auch die überraschenden Torsionen im Sprunggelenk werden uns durch die eigenthümliche Bildung dieses Gelenkes durch die Kreuzung der Gastrocnemii in ihren Sehnen und ganz besonders durch die Verknüpfung des mächtigen Tibialis anticus mit dem Flexor longus verständlich.

Gehen wir nun zu dem *Lemur* über, so zeigt uns hier das lange, um die Hälfte in Breite und Tiefe kleinere Becken, die langen hinteren Extremitäten-Knochen im Vergleich zu den vorderen, die in sagittaler Richtung liegenden Ansatzpunkte für die Strecker des

Hüft-, Knie- und Sprunggelenkes, dass hier für eine Bewegung in sagittaler Richtung und namentlich für den Sprung die günstigsten Eigenschaften vorliegen.

So habe ich denn hier zwei Thiere zu schildern versucht, welche in ihrem Bau und ihrer Bewegung so sehr von einander abweichen, **indem bei dem einen die Festigkeit der Extremitäten gegen Tension, gegen den Zug, in Anspruch genommen wird, bei dem anderen, dem *Lemur*, die Festigkeit gegen den Druck zu wirken hat.** Den Festigkeitsmodus der Knochen dieser Thiere nach beiden Richtungen zu bestimmen, muss ich jedoch der organischen Physik überlassen.

Tabelle I.

Excursionen der Gelenke.

	Lutra vulgaris	*Lemur macaco*	*Choloepus didactylus*	*Cercopithec mona*	*Chimpance jur.*
Schultergelenk					
Ext. Flex.	80°	100°	129°	145°	100°
Abd. u. Adduct	82°	94°	107°	105°	216°
Rotation	86	115	132	122	160
Ellenbogengelenk					
Ext. Flex.	94	125	120	144	135
Rotation	105	88	216	102	176
Handgelenk					
Ext. Flex.	135	138	189	165	200
Rotation	55°	81°	124°	50°	95°
Hüftgelenk					
Ext. Flex.	100	105	130	147	107
Adduct Abd.	103	96	113	85	100
Rotation	95	95	157	50	90
Kniegelenk					
Ext. Flex.	65	150	140	180	105
Rotation	30	105	90	54	55
Sprunggelenk					
Ext. Flex.	100	155	140	140	90
Rotation	15	75	175	40	40

Tabelle II.

Muskeln der Vorderextremität in Grammgewicht.

	Canis Vulpes	*Felis cat. fer.*	*Inuus cynomolgus*	*Chiromys madg.*	*Lemur macaco*	*Choloepus didactylus*
Latissimus	40	50	55	16	12	32
Pectoralis	54	46	44	20	12	27
Subscapularis	18	19	24	8	7	9
Suprasp.	28	21	10	3	4	6
Infrasp.	17	19	17	6	4	5
Deltoid.	15*	7	26	8	5	15
Teres maj.	10	11	15	8	4,5	7
Triceps	74	36	78	13	36	13
Biceps	10	8	28	10	{ 6	7
Caracobr.	1	—	—	2		0,5
Brachial.	5	6	12	3	5	3
Supinat. lg.	fehlt	fehlt	15	7	2	10
Pronat teres	1	3	7	3	2	7
Supinat. brev.	0,5	0,5	2	—	1	3
Extens. carp. rad.	5	7	5	5	3	
Extens. quat. dig.	2	6	{ 5	2	{ 2	
Abd. degit. com.	1	3		—		{ 12
Extens. carp. uln.	2	4	5	2	2	
Abduct. pollicis	0,5	—	3	3	{ 2,5	{ 5
Extens. pollicis	0,5	—	1	3		
Pronat. quadrat.	2	1	—	—	1	2
Palmaris long.	1	4	2	—	1	—
Flex. carp. ulnar.	5	6	5	4	2	2
Flex. dig. sup. u. prfd.	18	21	37	16	8	31
Flex. carp. radial.	1	2	5	2	3	2
	311,5	280,5	401	144	125	108,5

Tabelle III.

Muskeln der Hinterextremität in Grammgewicht.

	C. Vulpes	*F. catus.*	*Inuus cynom.*	*Chiromys.*	*Lemur macaco*	*Choloepus*
Sartor. et Tensor	26	21	16	7	4	7
Glutaeus max.	6	12	9	13	12	11
» med.	22	8	50	11	11	10
Pyriform	—	—	—	—	1	3
Quadratus fem.	—	—	4	—	—	3
Obturat. int. et ext.	10,6	5	16	6	5	5
Ilio psoas.	12	25	31	10	10	17
Adductores	87	45	76	22	16	23
Gracilis	17	11	20	10	4	8
Semimembr.	24	25	20	23	8	6
Semiteudinos.	18	13	25	8	5	2
Bivent. fem. I u. II	62	44	58	12	7	(Biv. I) 4 (Biv. II) 12
Transport	284,6	209	325	122	83	111

	C. Vulpes	*F. catus.*	*Innus cynom.*	*Chiromys.*	*Lemur macaco*	*Choloepus*
Transport	284,6	209	325	122	83	111
Rectus fem.	80	19	97	8	22 (4	12
Vastus & crural. . . .		39		30	18)	
Poplitaeus	2	4	4	—	1	1
Tibiat. antic.	6	10	21	6	4	12
Ext. Hallucis	5	6	2,5	1	1	fehlt
Ext. quat. dig.		8	5	2	3	2
Peron I	3	3	13	4	2	3
Peron II.				2	1	3
Plantaris	12	—	4	—	—	—
Flex. brevis		2		2	2	2
Flex. Hallucis	9	10	12	6	3	fehlt
Flex. quat. dig. . . .		5	7	6	3	11
Tibial. post.	1	2	3	1	1	3
Pubo fibularis	—	—	—	—	—	4
Soleus et Gastroc.. . .	22	39	40	15	7	5
	424,6	356	533,5	205	133	169

Tabelle IV.

1. Gewichtsverhältnisse der frischen Knochen in Grammen.

	Ganzes Skelet	Der Schädel	Der Rumpf mit Schwanz	Die Vorderextremit. mit Schultergürtel	Die Hinterextremität
Choloepus	620	73	190	60	52
Lemur	267	38	112	23	35

2. Längsmessungen in Millimeter.

Wirbelsäule

	Ganze Wirbelsäule	des Kopfes	des Halses	der Brust	der Lenden	des Kreuzbeins	des Schwanzes
Choloepus . .	368	96	53	270	45	73	19
Lemur . . .	348	97	68	141	135	38	545

3. Längsmessungen der Extremitäten in Millimeter.

	Humerus	Radius	Hand	Oberschenkel	Unterschenkel	Fuss	Vorderextremität	Hinterextremität
Choloepus	137	147	107	130	116	107	391	353
Lemur	102	97	93	142	120	95	292	357

Luca

Lucae.

Lemur macao. 1/1 Grösse.

Tafel 1.

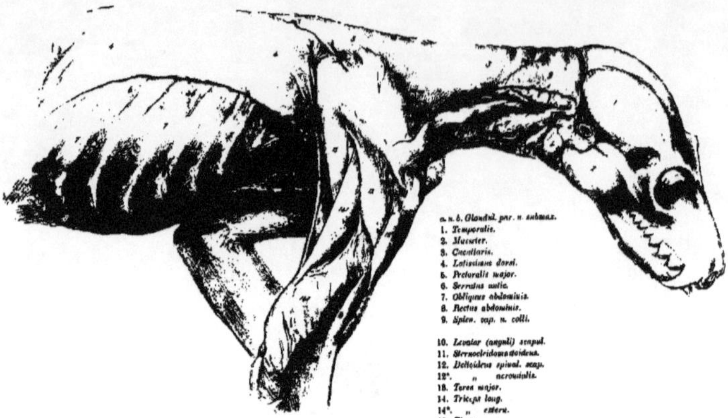

a. u. b. *Glandul. par. u. submax.*
1. *Temporalis.*
2. *Masseter.*
3. *Cucullaris.*
4. *Latissimus dorsi.*
5. *Pectoralis major.*
6. *Serratus antic.*
7. *Obliquus abdominis.*
8. *Rectus abdominis.*
9. *Splen. cap. u. colli.*

10. *Levator (anguli) scapul.*
11. *Sternocleidomastoideus.*
12. *Deltoideus spinal. scap.*
12*. „ *acromialis.*
13. *Teres major.*
14. *Triceps long.*
14*. „ *extern.*
15. *Biceps.*
16. *Brachialis int.*
17. *Supinator long.*

Geometrische Zeichnung.

Lucae. L

a. *Hyoideum.*
b. *Claviculare.*
c. *Parotis. gland.*
d. *Submaxilaris gl*
1. *Masseter.*
2. *Mylohyoideus.*
3. *Gchiohyoideus.*
4. *Biventer.*
5. *Stylohyoideus.*
6. *Omohyoideus.*
7. *Sternohyoideus.*
8. *Sternothyrioideu*
9. *Sternoclaidomas*

Geometrische Zeichnung.

Lucae. **Lemur macao** ⅟₁ Grösse. Tafel II.

a. *Hyoideum.*
b. *Claviculare.*
c. *Parotis. gland.*
d. *Submaxilaris gland.*
1. *Masseter.*
2. *Mylohyoideus.*
3. *Gchiohyoideus.*
4. *Biventer.*
5. *Stylohyoideus.*
6. *Omohyoideus.*
7. *Sternohyoideus.*
8. *Sternothyrioideus.*
9. *Sternoclaidomastoideus.*

10. *Deltoideus clavicularis.*
11. *Pectoralis.*
12. *Biceps.*
13. *Coracobrachialis.*
14. *Triceps.*
15. *Latissimus dorsi.*
16. *Subscapularis.*
17. *Subclavieularis.*
18. *Rectus abdominis.*
19. *Scalenus.*
20. *Serratus.*
21. *Obliquus ext.*
22. *Cutancus.*

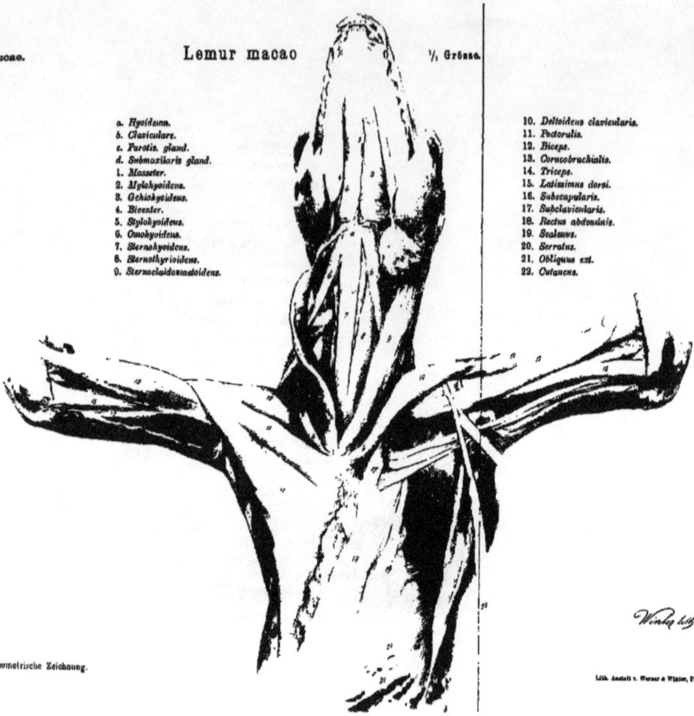

Geometrische Zeichnung.

Winter lith.

Lith. Anstalt v. Werner & Winter, Frankfurt a. M.

Fig. 1.

1. *Rhomboid. capitis u. cervicis.*
2. „ *dorsi.*
3. *Splenius capitis.*
4. *Serratus anticus.*
5. *Supraspinatus.*
6. *Infraspinatus.*
7. *Teres major.*
8. *Triceps. (cap. long.)*
9. „ „ *extern.*
10. *Deltoideus.*

Fig. 1.

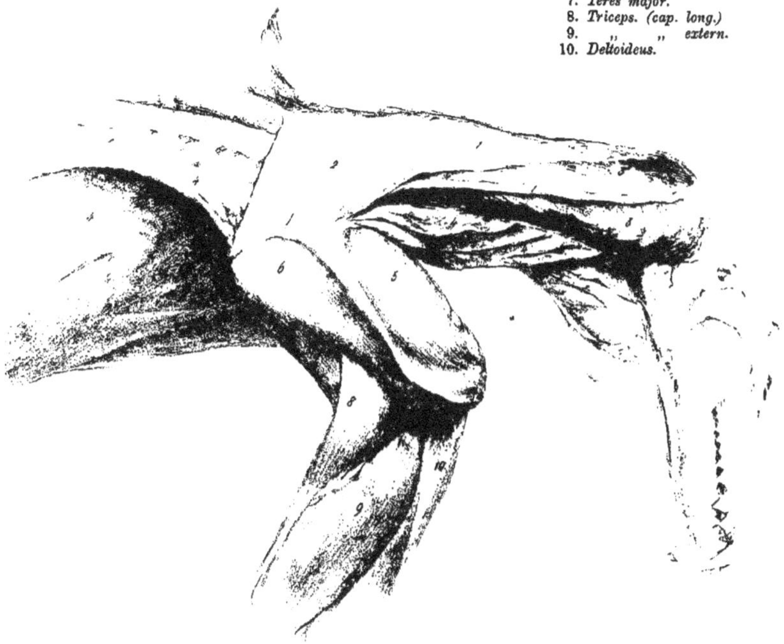

Winter lith.

Geometrische Zeichnung.

Lith. Anstalt v. Werner & Winter, Frankfurt a. M.

Lemur macao. $^1/_1$ Grösse.

Fig. 3.

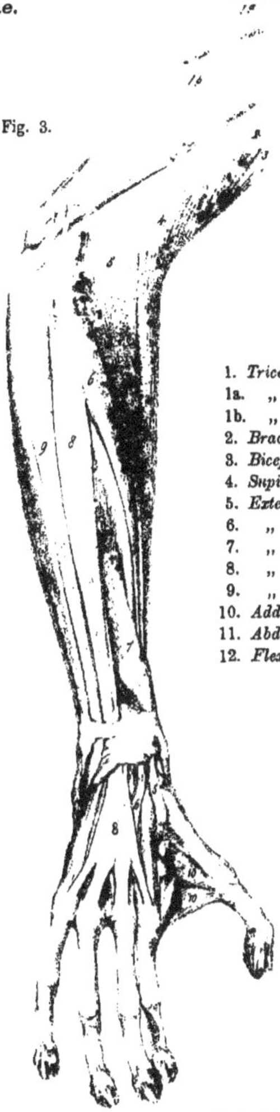

Fig. 3.

1. *Triceps.*
1a. „ *long.*
1b. „ *extern.*
2. *Brachialis.*
3. *Biceps.*
4. *Supinator long.*
5. *Extens. carp. rad. long.*
6. „ „ „ *brev.*
7. „ *u. Abduct. pollic.*
8. „ *digitorum.*
9. „ *ulnaris.*
10. *Adductor pollicis.*
11. *Abductor indicis.*
12. *Flexor ulnaris.*

Fig. 2.

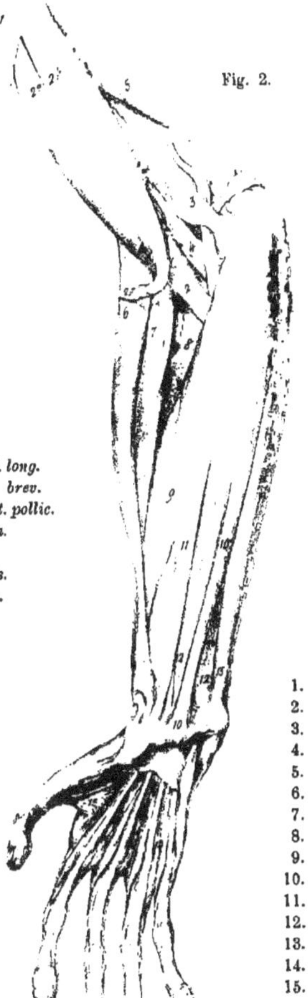

Fig. 2.

1. *Deltoideus.*
2. *Biceps.*
3. *Coracobrachialis.*
4. *Brachialis.*
5. *Triceps.*
6. *Supinator long.*
7. *Extens. carp. rad. long.*
8. „ „ „ *brev.*
9. *Pronator.*
10. *Palmaris long.*
11. *Flexor carp. rad.*
12. „ *digit. subl.*
13. „ *ulnaris.*
14. *Lumbricales.*
15. *Adductor pollicis.*

Geometrische Zeichnung.

Winter lith.

Lucae.

G

Lemur macao 1/1 Grösse.

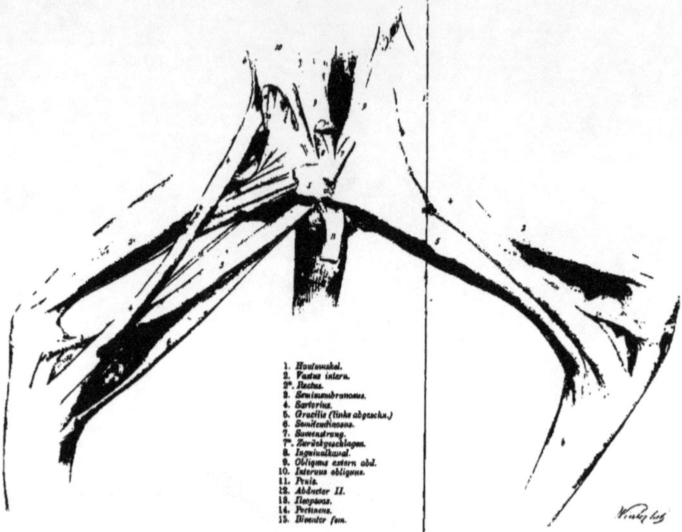

1. *Hautmuskel.*
2. *Vastus intern.*
2*. *Rectus.*
3. *Semimembranosus.*
4. *Sartorius.*
5. *Gracilis (links abgeschn.)*
6. *Semitendinosus.*
7. *Samenstrang.*
7*. *Zurückgeschlagen.*
8. *Inguinalkanal.*
9. *Obliquus extern abd.*
10. *Internus obliquus.*
11. *Penis.*
12. *Abductor II.*
13. *Ileopsoas.*
14. *Pectineus.*
15. *Biventer fem.*

Geometrische Zeichnung.

Lith. Anstalt v. Werner & Winter, Frankfurt a. M.

Fig. 1.

Geometrische Zeichnung

Fig. 1.

Fig. 2.

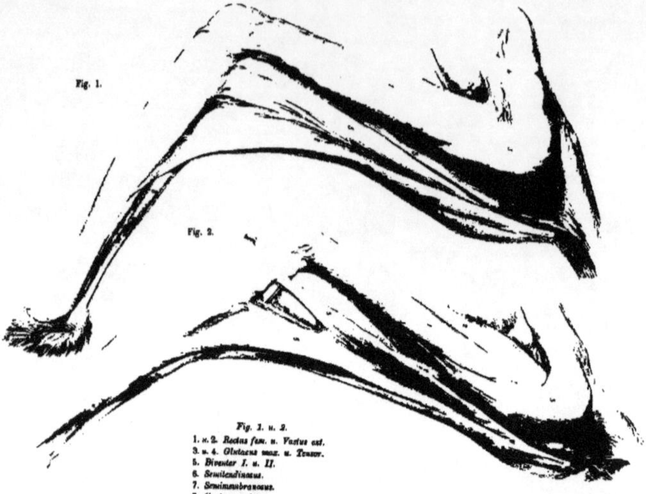

Fig. 1. u. 2.

1. u. 2. *Rectus fem. u. Vastus ext.*
3. u. 4. *Glutaeus max. u. Tensor.*
5. *Biventer I. u. II.*
6. *Semitendinosus.*
7. *Semimembranosus.*
8. *Gastrocnemius.*

Geometrische Zeichnung

Lucae. Lemur macao. 1/1 Grösse. Tafel VII.

Fig. 2.

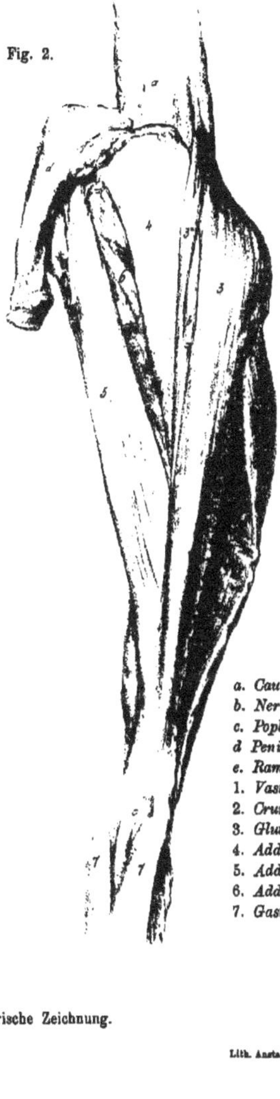

Fig. 2.

a. Cauda.
b. Nerv. ischiad.
c. Poples.
d Penis.
e. Ramus pubis.
1. Vastus extern.
2. Cruralis.
3. Glutaeus.
4. Adductor III.
5. Adductor II.
6. Adductor I.
7. Gastrocnemius.

Fig. 1.

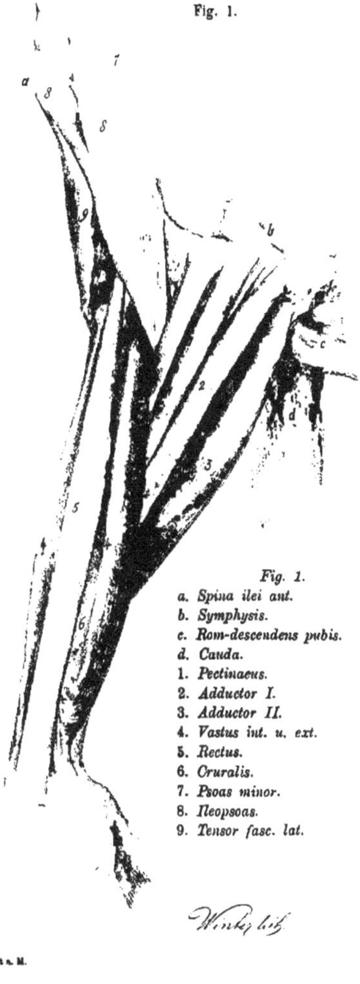

Fig. 1.

a. Spina ilei ant.
b. Symphysis.
c. Rom-descendens pubis.
d. Cauda.
1. Pectinaeus.
2. Adductor I.
3. Adductor II.
4. Vastus int. u. ext.
5. Rectus.
6. Cruralis.
7. Psoas minor.
8. Ileopsoas.
9. Tensor fasc. lat.

Geometrische Zeichnung.

Winter lith.

Lith. Anstalt v. Werner & Winter, Frankfurt a. M.

Lemur macao. 1/1 Grösse.

Fig. 1.

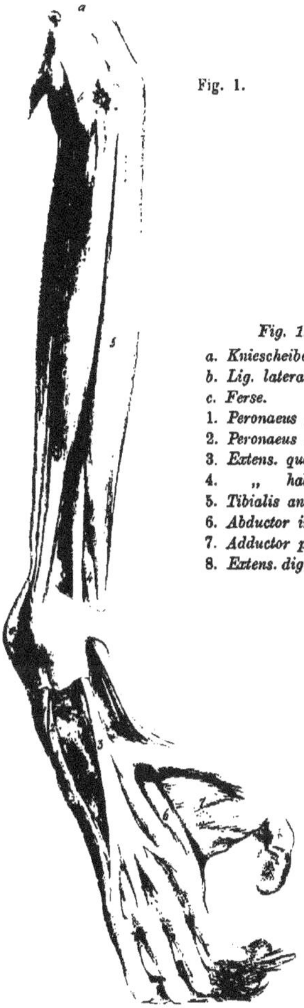

Fig. 1.

a. *Kniescheibe.*
b. *Lig. lateral. extr.*
c. *Ferse.*
1. *Peronaeus I.*
2. *Peronaeus II.*
3. *Extens. quat. dig.*
4. *„ hallucis.*
5. *Tibialis ant.*
6. *Abductor indicis.*
7. *Adductor pollicis.*
8. *Extens. dig. brevis.*

Fig. 2.

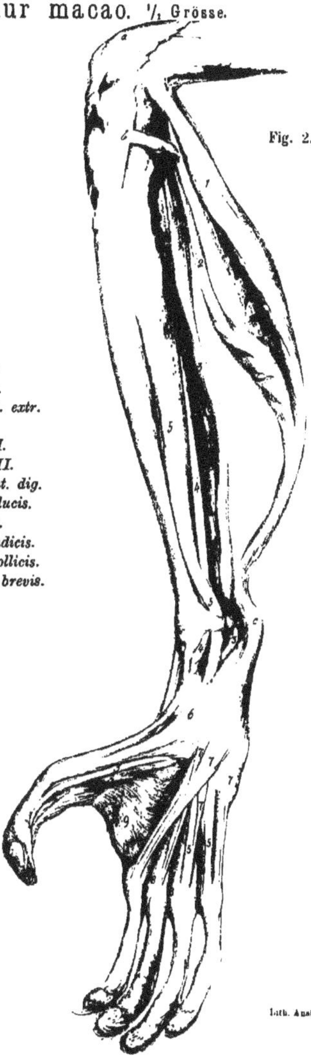

Fig. 2.

a. *Patella.*
b. *Lig. lateral. int.*
c. *Calx.*
1. *Gastrocemii.*
2. *Soleus.*
3. *Flex. halluc. long.*
4. *Tibial. past.*
5. *Flex. dig. long.*
6. *Abductor hallucis.*
7. *Flex. dig. brev.*
8. *Lumbricales.*
9. *Adductor u. Flexor hallucis.*

Geometrische Zeichnung.

Lith. Anstalt v. Werner & Winter, Frankfurt a. M.

Lucae.

Fig.

1. *Triceps*
2. *Biceps.*
3. *Pectora*
4. *Deltoid*
5. *Supinat*
6. *Pronato*
7. *Flexor*
8. *Flexor*
9. *Flexor*
10. *Flexor*

Fig. 7.

Fig. 6.

Fig. 5.

Fig. 5.

a. *Kehlkopf.*
b. *Clavicula*
1. *Buccinator.*
2. *Mylohyoideus.*
3. *Biventer.*
4. *Sternohyoideus.*
5. *Scalenus.*
6. *Levator scapul.*
7. *Pectoralis.*
8. *Cutaneus.*
9. *Rectus abd.*
10. *Obliquus abd.*
11. *Serratus.*
12. *Teres major.*
13. *Subscapularis.*
14. *Latissimus.*
15. *Sehne d. Pectoralis.*
16. *Deltoideus.*
17. *Coracobrachialis.*
18. *Biceps.*
19. *Pectoralis (zurückgeschlagen.)*
20. *Triceps.*
21. *Pronator.*
22. *Supinator.*

Fig. 7.

1. *Triceps brach.*
2. *Biceps.*
3. *Pectoralis (Fascie.)*
4. *Deltoideus (Fascie.)*
5. *Supinator long.*
6. *Pronator.*
7. *Flexor carpi rad.*
8. *Flexor dig. subl.*
9. *Flexor carpi ulnaris.*
10. *Flexor dig. prof.*

Fig. 6.

1. *Deltoideus.*
2. *Fascia antibrachii.*
3. *Biceps.*
4. *Pectoralis.*
5. *Supinator.*
6. *Extensor rad.*
7. *Extensor pollicis.*
8. *Extensor digitorum.*
9. *Abductor.*
10. *Ext. carp. ulnaris.*

Geometrische Zeichnung.

Winter lith.

F

a. Orbita.
b. Ohr.
1. *Tempor*
2. *Kleidon*
3. *Levator*
4. *Rhomb*
5. *Spleni*

Geometrische Zeich

Lucae. **Choloepus didactylus.** 1/2 Grösse. Tafel X.

Fig. 4.

Fig. 3.

Fig. 3.

1. *Temporalis.*
2. *Masseter.*
3. *Buccinator.*
4. *Biventer.*
5. *Sternohyoideus.*
6. *Sternomastoideus.*
7. *Kleidomastoideus.*
8. *Scalenus med.*
9. *Subscapularis.*
10. *Teres major.*
11. *Sehne d. Latissimus.*
12. *Triceps brachii.*
13. *Sehne d. Pectoralis.*
14. *Biceps brachii.*
15. *Sehne d. Pectoralis.*
16. *Sehne d. Deltoideus.*
17. *Pronator teres.*
18. *Serratus.*
19. *Transversus costar.*
20. *Rectus abdominis.*
21. *Obliquus. extern.*
22. *Pectoralis major.*
23. *Latissimus dorsi.*
24. *Cidoneus.*
25. *Sehne d. Pectoralis.*
26. *Coracobrachialis.*
27. *Coracobrachialis. ?*
28. *Brachialis intern.*

* *Latissimi pars brachialis.*

a. *Ohr.*
b. *Clavicularis.*
c. *Ubi proc. xyphoid.*

Fig. 4.

a. *Orbita.*
b. *Ohr.*

1. *Temporalis.*
2. *Kleidomastoideus.*
3. *Levator scapul.*
4. *Rhomboideus capitis.*
5. *Splenius capitis.*
6. *Rhomboideus minor (cervici.)*
7. *Rhomboideus major (dorsi.)*
8. *Supraspinatus.*
9. *Infraspinatus.*
10. *Teres major.*
11. *Triceps.*
12. *Cucullaris.*

Geometrische Zeichnung. Lith. Anstalt v. Werner & Winter, Frankfurt a. M.

Fig. 7

1. *Triceps brach.*
2. *Biceps.*
3. *Pectoralis (Fas*
4. *Deltoideus (Fas*
5. *Supinator long.*
6. *Pronator.*
7. *Flexor carpi ra*
8. *Flexor dig. sub*
9. *Flexor carpi ul*
10. *Flexor dig. pro*

Fig. 7.

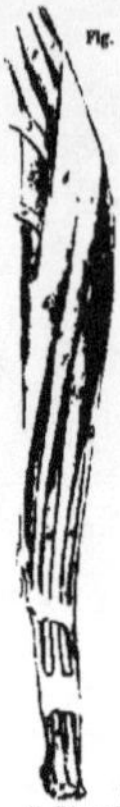

Fig. 6.

Fig. 5.

Geometrische Zeichnung.

Fig. 5.

a. *Kehlkopf.*
b. *Clavicula*
1. *Buccinator.*
2. *Mylohyoideus.*
3. *Biventer.*
4. *Sternohyoideus.*
5. *Scalenus.*
6. *Levator scapul.*
7. *Pectoralis.*
8. *Cutaneus.*
9. *Rectus abd.*
10. *Obliquus abd.*
11. *Serratus.*
12. *Teres major.*
13. *Subscapularis.*
14. *Latissimus.*
15. *Sehne d. Pectoralis.*
16. *Deltoideus.*
17. *Coracobrachialis.*
18. *Biceps.*
19. *Pectoralis (zurückgeschlagen.)*
20. *Triceps.*
21. *Pronator.*
22. *Supinator.*

Fig. 7.

1. *Triceps brach.*
2. *Biceps.*
3. *Pectoralis (Fascie.)*
4. *Deltoideus (Fascie.)*
5. *Supinator long.*
6. *Pronator.*
7. *Flexor carpi rad.*
8. *Flexor dig. subl.*
9. *Flexor carpi ulnaris.*
10. *Flexor dig. prof.*

Fig. 6.

1. *Deltoideus.*
2. *Fascia antibrachii.*
3. *Biceps.*
4. *Pectoralis.*
5. *Supinator.*
6. *Extensor rad.*
7. *Extensor pollicis.*
8. *Extensor digitorum.*
9. *Abductor.*
10. *Ext. carp. ulnaris.*

Wenig lith.

Lucae. # Choloepus didactylus. ½ Grösse. Tafel XII.

Fig. 9.

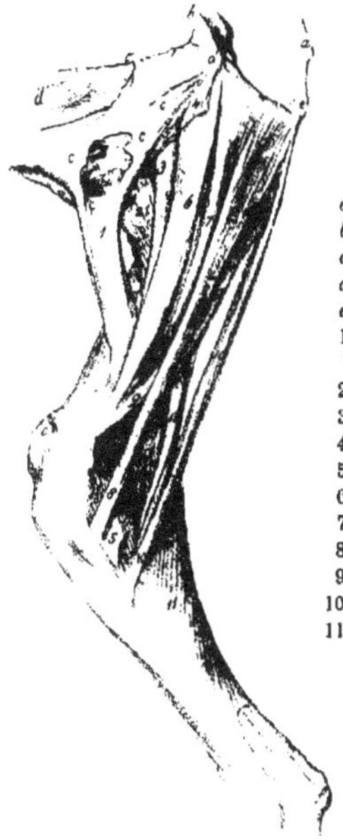

Fig. 8.

Fig. 9.

(Schenkel in grösster Abduction.)

a. *Os coccygis.*
b. *Symphysis.*
c. *Sehne des Obliquus ext.*
d. *Rectus abdom.*
e. *Os ischii.*
1. *Sartorius.*
* *Ansatz an der Fasc. pelv.*
2. *Ileopsoas.*
3. *Pectinaeus.*
4. *Pubo-fibularis. abgeschnitten.*
5. *Sehne des Gracilis. abgeschnitten.*
6. *Adduct. I.*
7. *Adduct. II.*
8. *Semimembranosus.*
9. *Adduct.* III.
10. *Semitend.*
11. *Biventer* II.

Fig. 8 u. 9. rechtes Bein.

Fig. 8.

1. *Gracilis.*
2. *Sartorius.*
3. *Pubo-fibularis.*
4. *Abduct. II.*
5. *Abduct. I.*
6. *Pectinaeus.*
7. *Rectus.*
8. *Obliquus abd.*
9. *Sehne d. Obliqu.*
10. *Spina pubis.*
11. *Gracilis (sichelförm. Ansatz.)*
12. *Nerv. saph.*
13. *Ileopsoas.*
14. *Glutaeus max.*

Geometrische Zeichnung.

Lith. Anstalt v. Werner & Winter, Frankfort a. M.

Winter lith.

Fig. 1

Fig.

Geometrische Zeichnung.

Choloepus didactylus. ½ [illegible]

Fig. 10.

Fig. 10. rechtes Bein von Innen.

Fig. 11.

Fig. 12.

Fig. 11 u 12. linkes Bein von Aussen.

Fig. 10. 11. 12.

1. Glut. max.
2. Glut. med.
3. Iliacus.
4. Sartorius.
5. Gracilis.
6. Rectus femoris.
7. Vastus extern.
8. Pubo-fibularis.
9. Biventer I.
9*. Biventer II.
10. Pyriformis.
11. Obliquus abd.
12. Vastus int.
13. Pectinaeus.
14. Abductor II.
15. Intercost. extern.
15*. Intercost. intern.
16. Stelle wo d. Sart. abgeschn.
17. Abgeschn. Sehne d. Gracilis.
18. Desgl. d. Semitendinosus.
19. Desgl. d. Semimembranosus.
20. Gastrocnemius.
21. Psoas minor.
22. „ major.
23. Sehne d. Glut. maximus.
a. Crista oder Spina ilei.
b. Os coccygis.
d. Spina pubis.
e. Lig. longitud. ant.
f. Nerv. ischiadicus.

Geometrische Zeichnung.

Lith. Anstalt v. Werner & Winter, Frankfurt a. M.

Winter lith.

Fig. 16.

1/1 Gr.

linker Fuss.

Fig. 17.

1/1 Grösse

rechter Fuss.

Geometrische Zeichnun

Lucae.

Choloepus didactylus.

Tafel XIV.

Fig. 16.

1/1 Gr.

linker Fuss.

Fig. 17.

1/1 Grösse

rechter Fuss.

Fig. 15. 1/2 Grösse.

rechtes Bein.

Fig. 14. 1/2 Grösse.

Fig. 13. 1/2 Grösse.

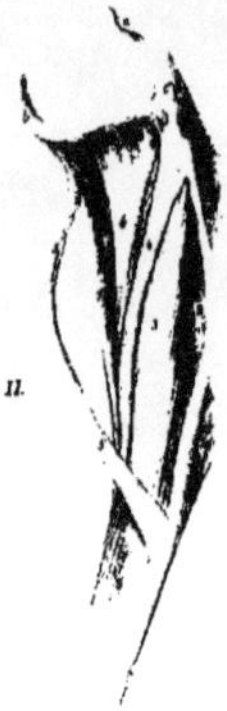

Fig. 14.

a. *Femur.*
b. *Calx.*
c. *Dig. III.*
d. *Condyl.-fibul.*
1. *Gastrocnemius.*
2. *Poplitaeus.*
3. *Soleus.*
4. *Peronaeus I.*
5. *Sehne d. Peron. II.*

Fig. 13.

a. *Os coccygis.*
b. *Symphysis.*
c. *Tuber ischii.*
d. *Patella.*
1. *Glutaeus max.*
2. *Biventer I.*
3. *Biventer II.*
4. *Semitendinosus.*
5. *Pubo-fibularis.*
6. *Semimembranosus.*
7. *Gracilis.*
8. *Adductor secund.*

Fig. 15.

a. *Patella.*
b. *Tibia.*
c. *Fibula.*
d. *Phlg. dig. II.*
1. *Tibialis.*
2. *Extens. digit.*
3. *Peron. III.*
4. *Extens. dig. brev.*

Fig. 16.
linker Fuss. Extr.-sinistra.

a. *Calx.*
b. *Os cuneiforme I.*
c. *Phl. I. dig. II.*
1. *Tendo Achillis.*
2. *Tibialis anticus.*
3. *Flex. dig. long.*
4. *Flex. dig. brevis.*
5. *Caro quadrata.*

Fig. 17.
rechter Fuss. Extr.-dextra.

a. *Calx.*
b. *Os cuneiforme I.*
1. *Caro quadrata.*
2. *Lumbricales.*
3. *Tend. Tib. antic.*
4. „ *Flexoris dig. long.*

Geometrische Zeichnung.

Lith. Anstalt v. Werner & Winter, Frankfurt a. M.

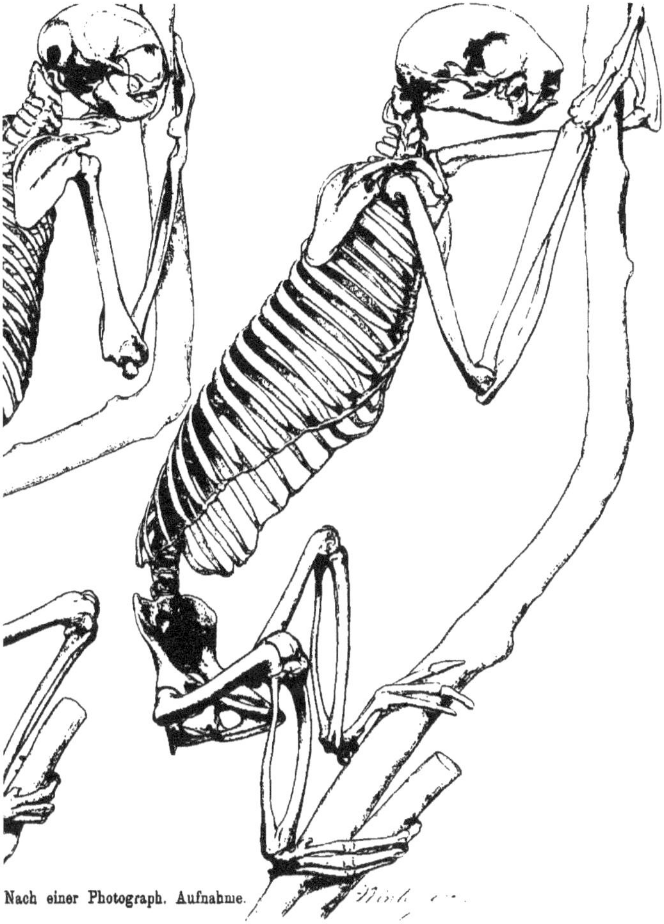

Nach einer Photograph. Aufnahme.

Lith. Anstalt v. Werner & Winter, Frankfurt a. M.

Lucae

Choloepus didactylus. 1/1 Grösse.

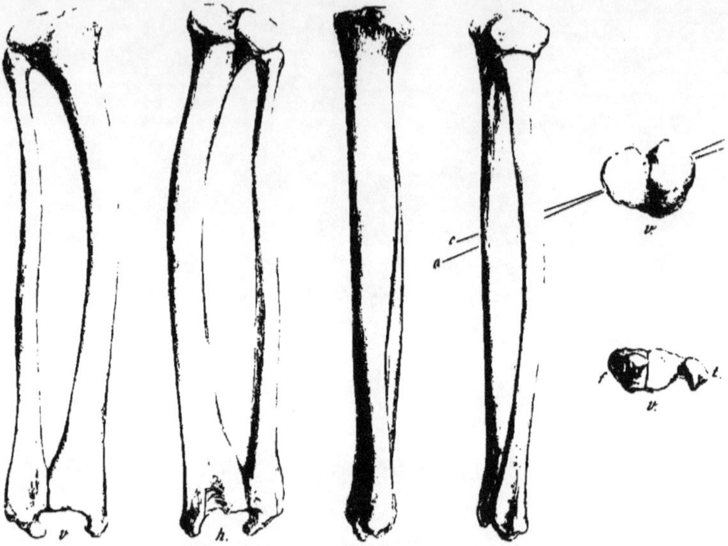

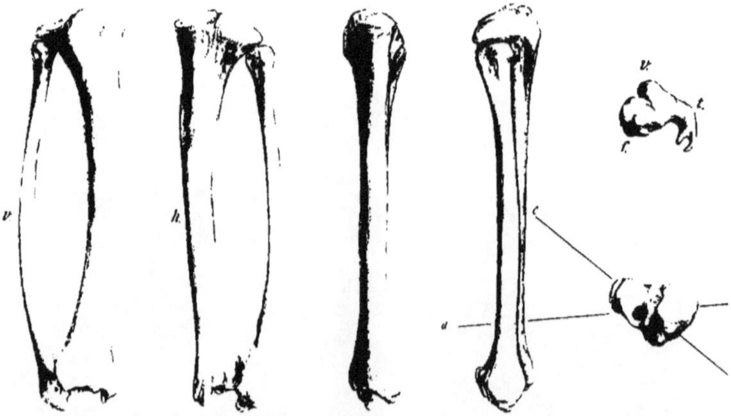

Geometrische Zeichnung.

Bradypus. 1/1 Grösse.

a. b. Axe der Tibia. c. d. Axe
f. Fibula. t.
v. = vorn. h. = hi

Lemur macao. 1/1 Grösse. Tafel XVII.

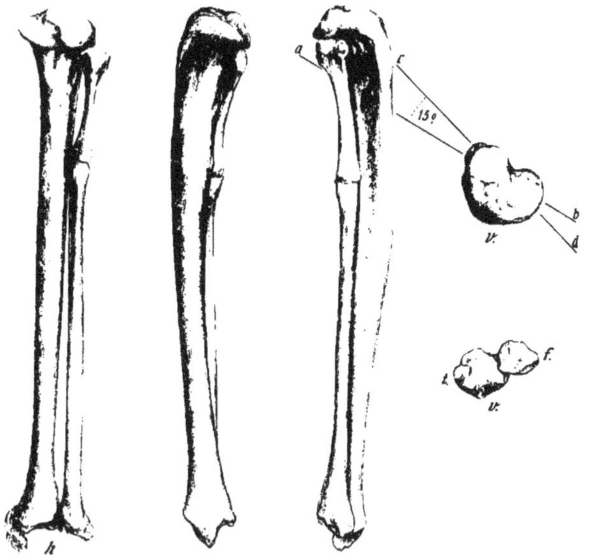

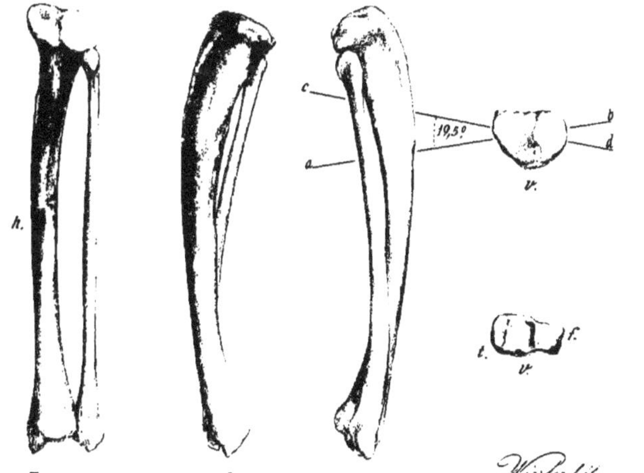

Inuus cynomolgus. 1/1 Grösse.

Winter lith.

Lith. Anstalt v. Werner & Winter, Frankfurt a. M.

Lucae. Choloepus didactylus. ½ Grösse.

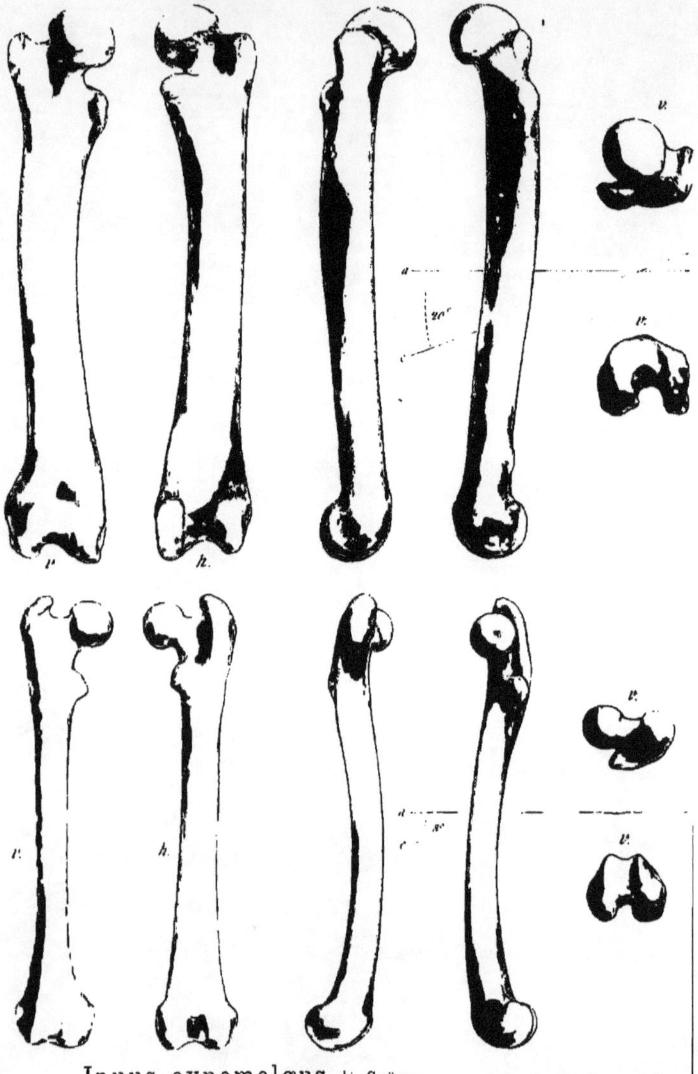

Geometrische Zeichnung. Inuus cynomolgus. ½ Grösse. a. b. Axe des caput femor.

Lemur macao. 1/1 Grösse.

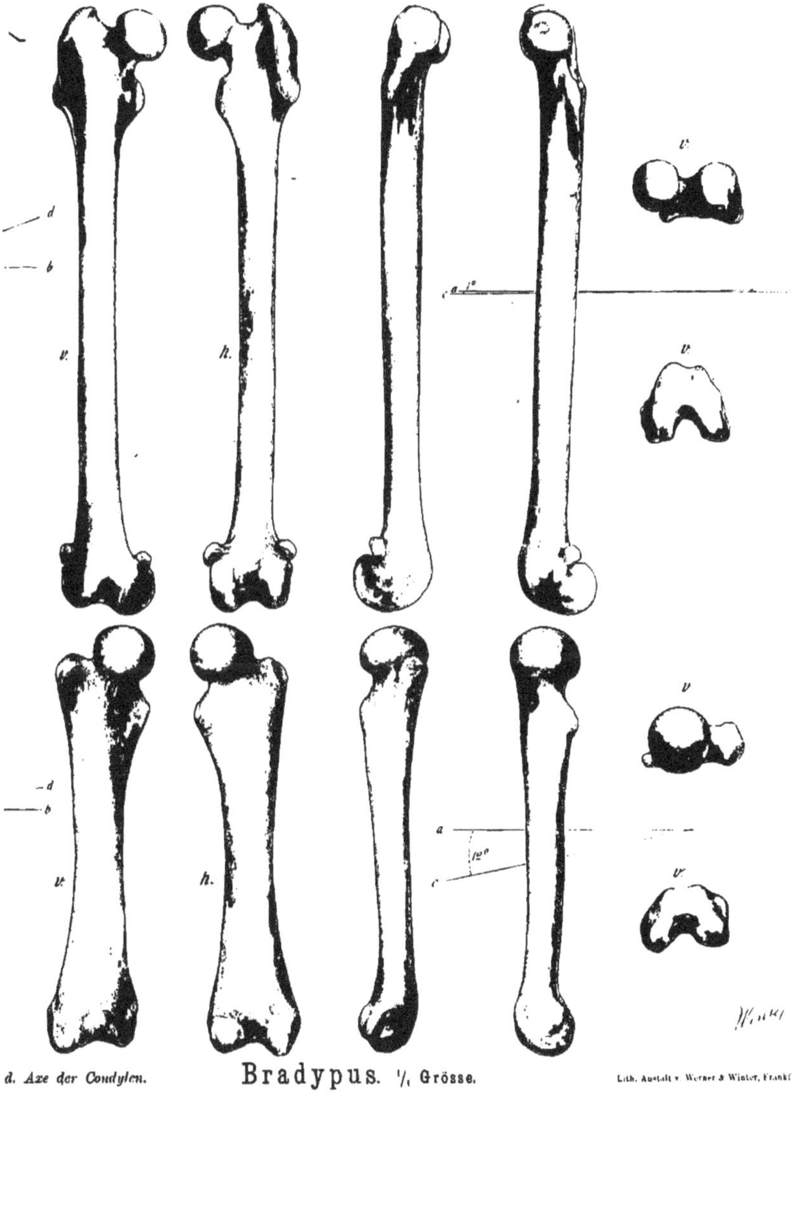

d. Axe der Condylen.

Bradypus. 1/1 Grösse.

Lith. Anstalt v. Werner & Winter, Frankf.

Lucae. **Bradypus.** 1/1 Grösse. **Lemur mac**

Geometrische Zeichnung v. vorn. h. hinten.

Inuus cynor

O. 1/1 Grösse.

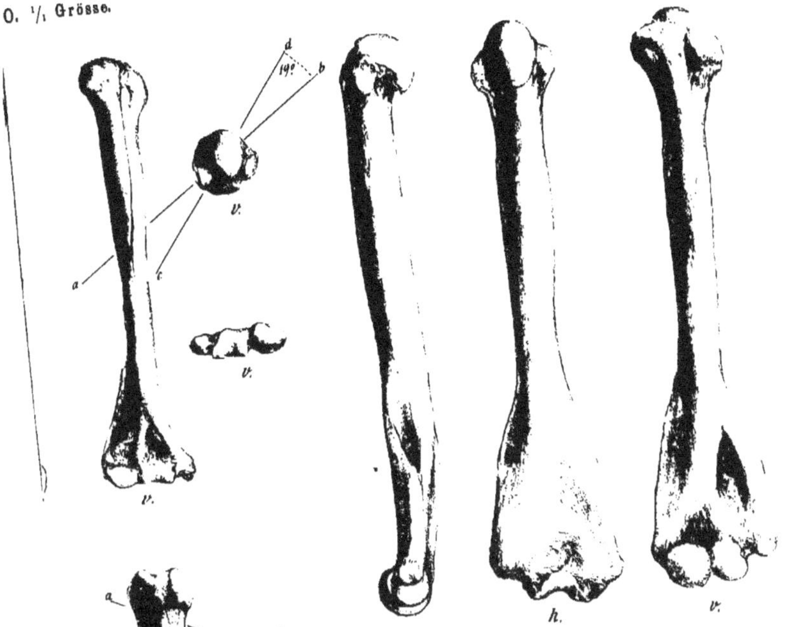

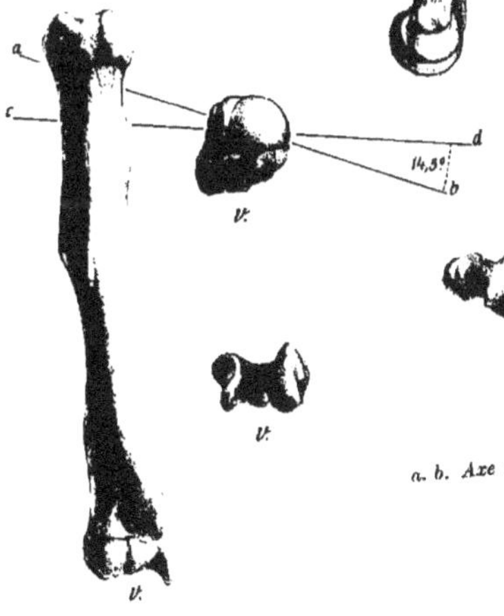

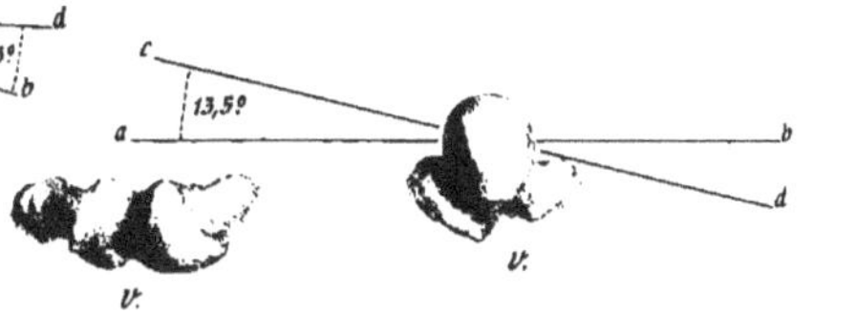

a. b. Axe der oberen, c. d. Axe der unteren Gelenkfläche.
Rechter Humerus.

Winter lith.

Lith. Anstalt v. Werner & Winter, Frankfurt a. M.

…lgus. 1/1 Grösse.

15—18. Bradypus tridactylus.

Geometrische Zeichnung.

15–18. Bradypus tridactylus. 1/1 Grösse. 10–14. Choloepus didactylus. 1/1 Grösse. 1–4. Lemur macaco. 1/1 Grösse.

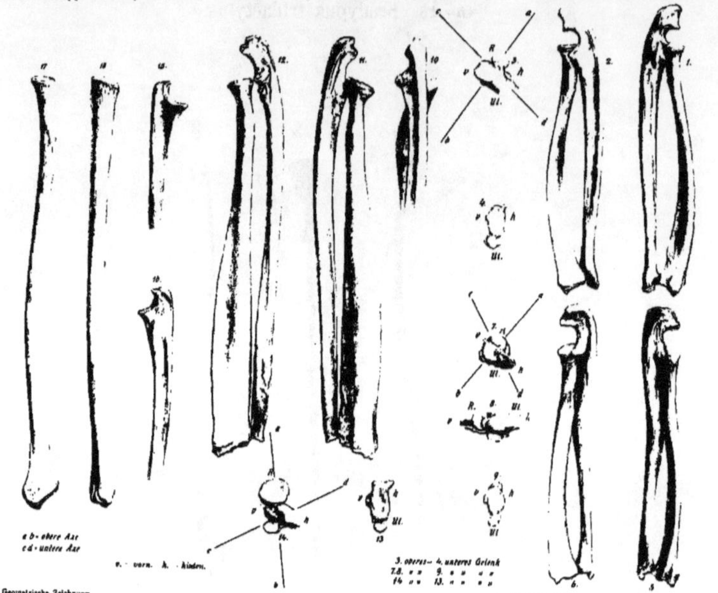

Geometrische Zeichnung.

5–9. Ceropothecus cynomolgus. 1/1 Grösse.

Lith. Anstalt v. Werner & Winter, Frankfurt a. M.

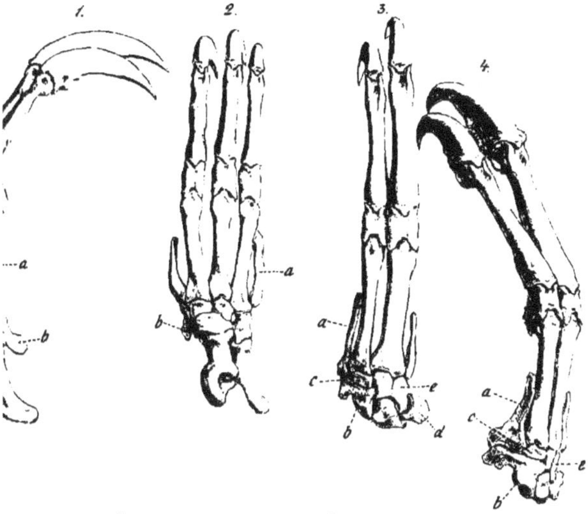

Choloepus didactylus. ¹/₁ Gr.

Fig. 1 u. 2. Fuss.
- a. *Metatars. II.*
- b. *Cuneiform. I.*

Fig. 3 u. 4. Hand.
- a. *Metatars. I.*
- b. *Naviculare.*
- c. *Multangulum minus.*
- d. *Triquetrum.*
- e. *Hamatum.*

Lemur macaco. ¹/₁ Gr.

Fig. 5. Fuss.
- a. *Cuneiform.*
- b. *Naviculare.*

Fig. 6. Hand.
- a. *Centrale.*

Inuus cynomolgus. ¹/₁ Gr.

Fig. 7. a. *Cuneiform. I. Fuss.*
- b. *Naviculare.*

Fig. 8. a. *Centrale. Hand.*

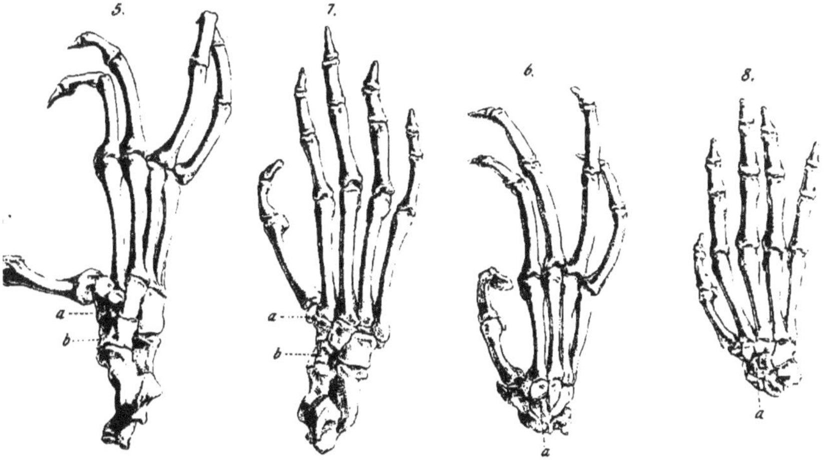

Geometrische Zeichnung.

Lith. Anstalt v. Werner & Winter, Frankfurt a. M.

Fig. 1—3. Lemur macaco ¹/₁ Gr.

Fig. 4—6. Choloepus didactylus. ¹/₁ Gr.

Fig. 7. Bradypus didactylus. ¹/₁ Gr.

Fig. 1.

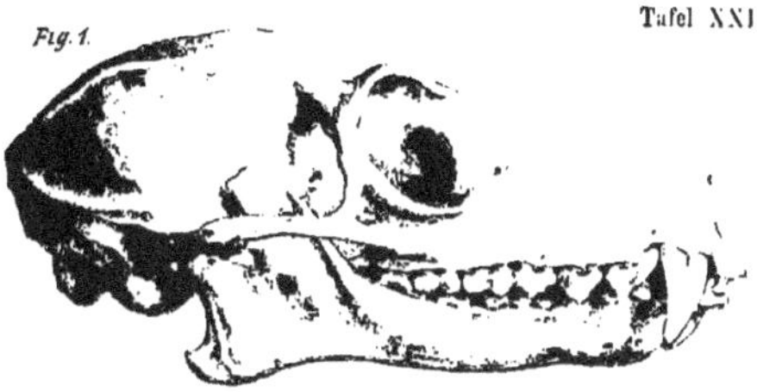

Fig. 3.

Fig. 2.

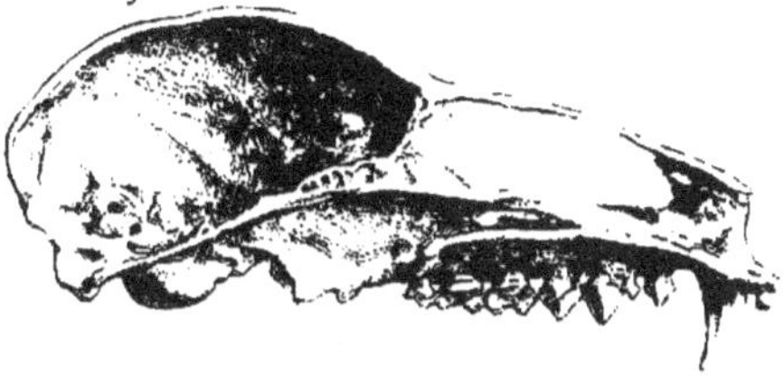

Fig. 6.

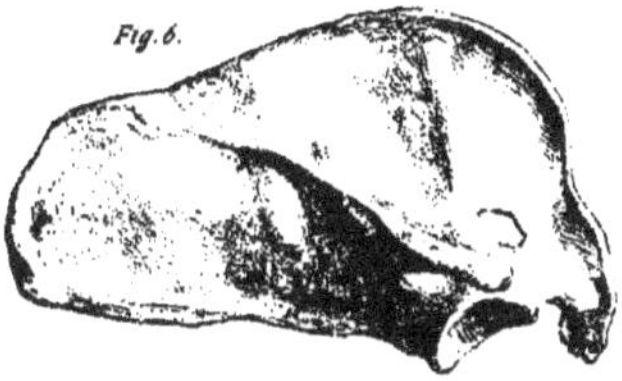

Fig. 4

Fig. 7.

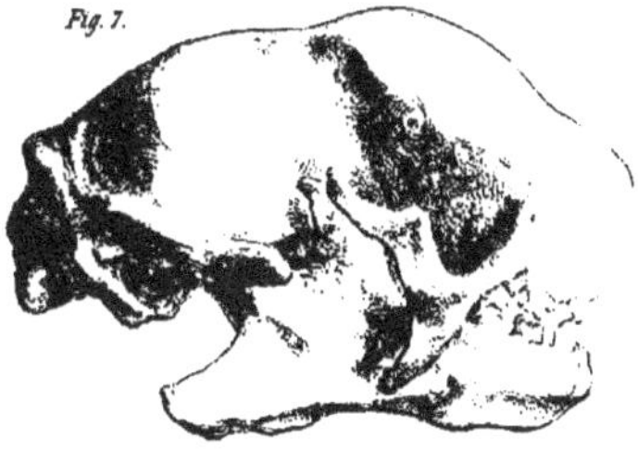

Fig. 5.

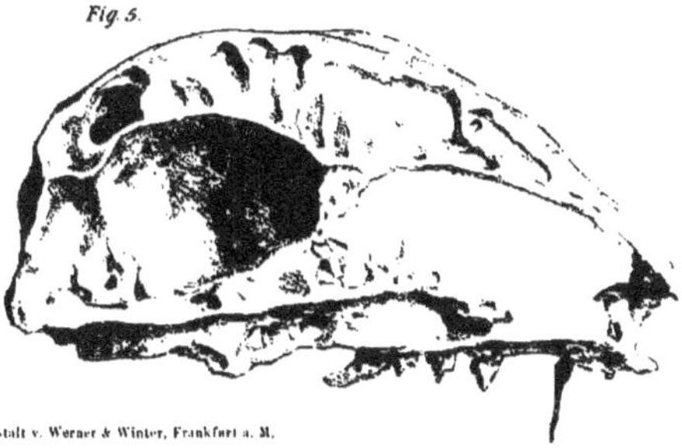

Geometrische Zeichnung.

Lith. Anstalt v. Werner & Winter, Frankfurt a. M.

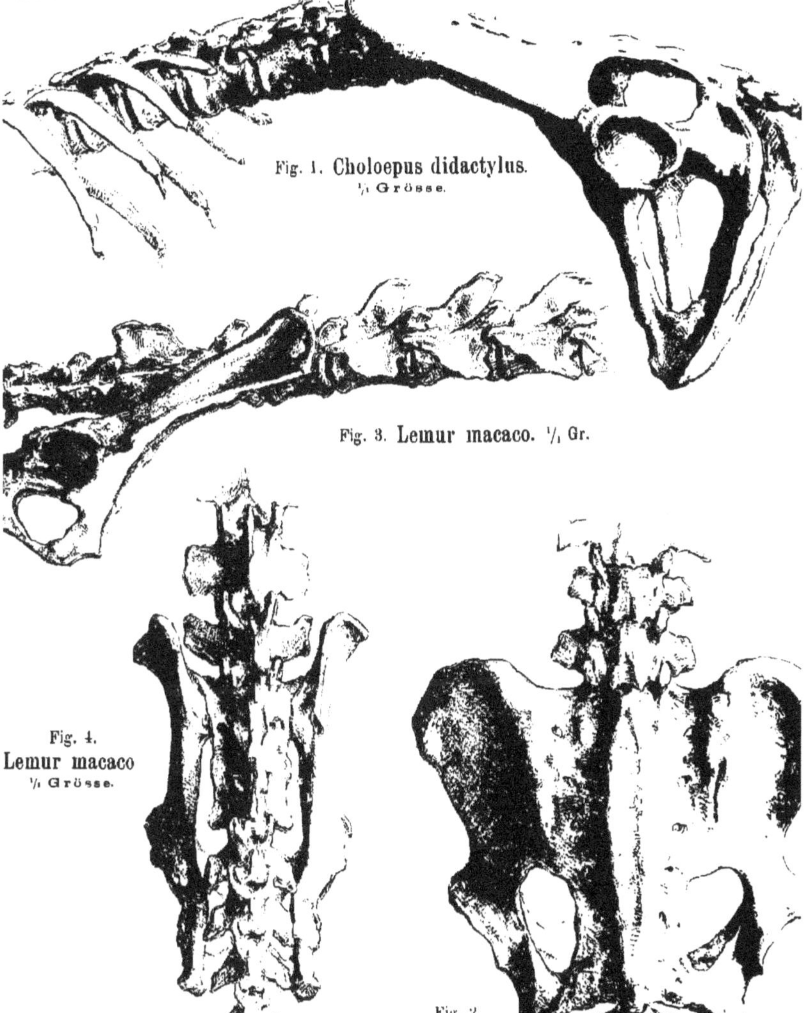

Fig. 1. Choloepus didactylus. 1/1 Grösse.

Fig. 3. Lemur macaco. 1/1 Gr.

Fig. 4. Lemur macaco 1/1 Grösse.

Fig. 2 Choloepus didactylus. 1/1 Grösse.

Geometrische Zeichnung.

Werner & Winter, Frankfurt a. M.

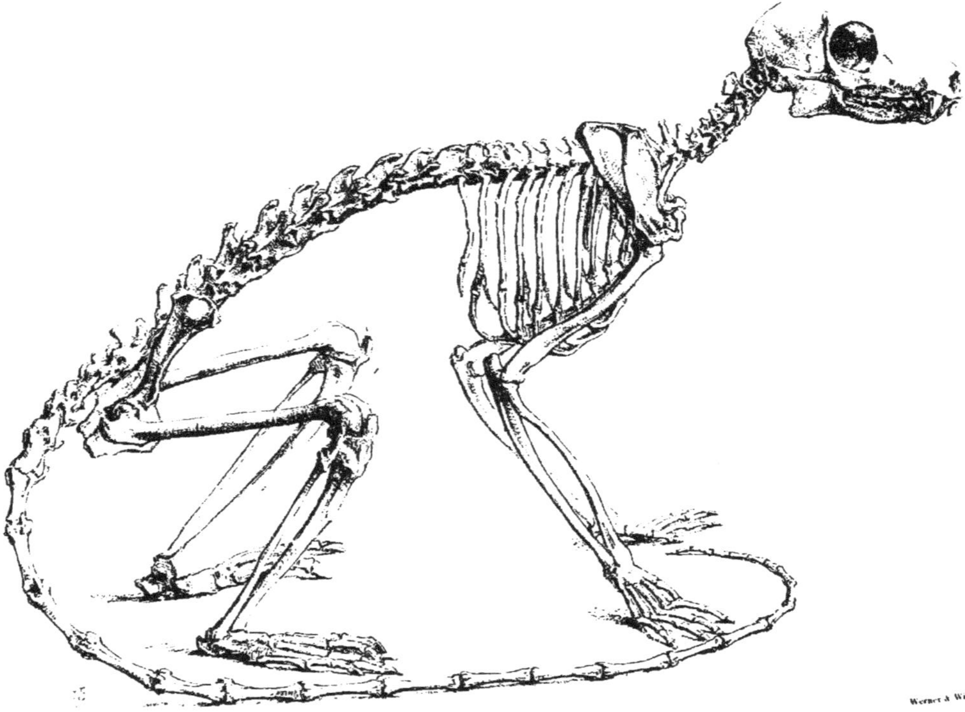

Werner & Winter, Frankfurt a. M

www.ingramcontent.com/pod-product-compliance
Lightning Source LLC
Chambersburg PA
CBHW021815190326
41518CB00007B/609
9783743413368